# Conteúdo

# Lista de Símbolos

$a$    coeficiente de correlação das bolhas no trabalho de VAN DER WELLE (1981), variável auxiliar para encontrar valor para o parâmetro empírico $\varkappa_l$

$a_{ij}$ concentração de área interfacial na fronteira j

$A^+$ parâmetro do fator de amortecimento do termo difusivo devido às bolhas

$b$    coeficiente de correlação das bolhas no trabalho de VAN DER WELLE (1981), variável auxiliar para encontrar valor para o parâmetro empírico $\varkappa_l$

$B$    constante que surge após integração para se obter a lei da parede bi-fásica

$B^+$ constante que surge após integração para se obter a lei da parede bi-fásica (em formato adimensional)

$B_m$ constante que surge após integração para se obter a lei da parede monofásica

$B_{sf}^{x}$ termo aditivo para a lei da parede modificada de FREIRE (2004)

$B_{th}^{x}$ termo aditivo para a lei da parede de TROSHKO e HASSAN (2001b)

$c_{\epsilon 1}$ constante do modelo de turbulência diferencial

$c_{\epsilon 2}$ constante do modelo de turbulência diferencial

$c_{\nu}$ constante do modelo de turbulência diferencial

$d_b$ diâmetro da bolha

$D$    diâmetro da tubulação, termo de destruição na equação (2.87)

$g$    gravidade

$\boldsymbol{g}$    força de campo

$\overline{\overline{H_{21}}}$ curvatura média

$j$    interface

$j_l$    velocidade superficial da fase líquida

$j_L$    velocidade superficial da fase líquida

$l$    comprimento de mistura de Prandtl

$m$    variável auxiliar

$\dot{m}$    taxa de transferência de massa por unidade de tempo e de área

$M_k$    termo fonte que descreve a criação de quantidade de movimento em função das transferências entre as interfaces móveis

$M_k^n$    quantidade de movimento produzida pelas forças normais à fronteira

$M_k^t$    quantidade de movimento interfacial produzida pelas forças tangenciais

$M_k^\Gamma$    quantidade de movimento interfacial provocada pela mudança de fase

$M_{ki}$    soma das quantidades de movimento interfaciais normais e tangenciais

$M_m$    fonte de quantidade de movimento da mistura devido ao efeito de tensão superficial

$M_m^H$    força originada das mudanças na fase média

$M_1$    propriedade do escoamento

$\boldsymbol{n}$    vetor unitário

$N$    número de bolhas

$p$    pressão local e instantânea

$\bar{p}$    pressão média

$p'$    contribuição do cisalhamento na parede à pressão $p$

$p''$    contribuição das bolhas à pressão $p$

$P$    Produção

$r$    coordenada radial

$R$    Raio

$Re_L$    número de Reynolds para a fase líquida no escoamento bi-fásico

$t$    Tempo

$t_j$    tempo em que a interface j passou na posição $\boldsymbol{x}_0$

$t_{j+1}$    tempo em que a interface j+1 passou na posição $\boldsymbol{x}_0$

$t_o$    tempo arbitrado

$T$   Temperatura

$T_k$   tensor que considera os efeitos viscosos para a fase k

$T_k^T$   tensor que considera os efeitos turbulentos para a fase k

$T_{ki}$   tensor que considera os efeitos cisalhantes interfaciais para a fase k

$u$   velocidade longitudinal (ao escoamento) local e instantânea, igual a $u'$ na equação (2.50)

$\overline{u}$   velocidade longitudinal (ao escoamento) média

$u'$   contribuição do cisalhamento na parede à velocidade $u$

$u''$   contribuição das bolhas à velocidade $u$

$u_l^+$   velocidade longitudinal adimensional da fase líquida

$u_*$   velocidade de atrito

$u_b$   igual a $u''$ na equação (2.50)

$U$   velocidade longitudinal (ao escoamento) local e instantânea

$U_*$   velocidade de atrito

$U_b$   velocidade relativa

$U_B$   velocidade relativa

$U_g$   velocidade do gás

$U_l$   velocidade média do líquido

$U_l^+$   velocidade média do líquido (adimensional)

$U_r$   velocidade relativa entre a fase líquida e a fase gasosa

$U_w$   velocidade de atrito na parede

$v$   velocidade transversal (ao escoamento) local e instantânea, velocidade na obra de ISHII *et al.* (2006), igual a $v'$ na equação (2.50)

$\mathbf{v}$   vetor velocidade

$\overline{v}$   velocidade transversal (ao escoamento) média

$v'$   contribuição do cisalhamento na parede à velocidade $v$

$v''$   contribuição das bolhas à velocidade $v$

$v_b$ igual a $v''$ na equação (2.50)

$\mathbf{v}_{ni}$ vetor velocidade interfacial

$x$ direção longitudinal ao escoamento

$\mathbf{x}_0$ vetor posição arbitrado

$y$ direção transversal ao escoamento

$y^+$ coordenada transversal (ao escoamento) adimensionalizada

$y_1$ distância de um plano de controle em relação à parede

$y_o$ espessura adimensional do piso viscoso

## Subscritos

1 fase um

2 fase dois

$g$ fase gasosa

$i$ Interface

$k$ fase

$l$ fase líquida

$x$ direção x

$y$ direção y

$z$ direção z

## Símbolos Gregos

$\alpha$     fração de uma fase no escoamento

$\alpha_{gmax}$ pico de fração de vazio

$\beta$     corretor da função logarímica que representa a lei da parede

$\beta_{sf}$     corretor da função logarímica que representa a lei da parede proposto no trabalho de FREIRE (2004)

$\beta_{th}$      corretor da função logarímica que representa a lei da parede proposto no trabalho de TROSHKO e HASSAN (2001b)

$\delta$      espessura de uma interface no escoamento bi-fásico

$\epsilon$      taxa de dissipação de energia cinética turbulenta por unidade de massa, termo viscoso para as bolhas no trabalho de VAN DER WELLE (1981)

$\epsilon'$      viscosidade devida ao cisalhamento (sem considerar as bolhas)

$\epsilon''$      viscosidade devida às bolhas

$\epsilon_I$      taxa de dissipação de energia cinética turbulenta por unidade de massa proposta na obra de BITENCOURT *et al.* (2008)

$\epsilon_j$      metade do tempo de existência de uma interface j

$\epsilon_{j+1}$      metade do tempo de existência de uma interface j+1

$\epsilon_l$      taxa de dissipação de energia cinética turbulenta por unidade de massa proposta nesta obra

$\epsilon_{th}$      taxa de dissipação de energia cinética turbulenta por unidade de massa proposta na obra de TROSHKO e HASSAN (2001b)

$\epsilon_{TP}^*$      coeficiente de difusividade adimensional (incluindo a perturbação provocada pelas bolhas)

$\epsilon_t^*$      coeficiente de difusividade adimensional (sem considerar as bolhas).

$H$      distância entre um plano de controle e o centro de uma bolha

$K$      energia cinética turbulenta por unidade de massa

$\kappa_1$      energia cinética turbulenta por unidade de massa proposta na obra de BITENCOURT *et al.* (2008)

$\kappa_b$      o mesmo que $\kappa_1$

$\kappa_{exp}$      valor experimental para a energia cinética turbulenta por unidade de massa

$\kappa_l$      constante empírica presente no termo viscoso devido às bolhas no trabalho de SATO *et al.* (1975), energia cinética turbulenta por unidade de massa proposta nesta obra

| | |
|---|---|
| $\kappa_{np}$ | energia cinética turbulenta por unidade de massa proposta nesta obra |
| $\kappa_{p1}$ | o mesmo que $\kappa_{np}$ |
| $\kappa_{sf}$ | o mesmo que $\kappa_l$ |
| $\kappa_{th}$ | energia cinética turbulenta por unidade de massa proposta na obra de TROSHKO e HASSAN (2001b) |
| $K$ | constante de von Kármán |
| $\varkappa_l$ | variável empírica de proporcionalidade para as bolhas |
| $\varkappa_{lsf}$ | variável empírica de proporcionalidade para as bolhas proposta neste livro |
| $\varkappa_{lth}$ | variável empírica de proporcionalidade para as bolhas proposta na obra de TROSHKO e HASSAN (2001b) |
| $\mu$ | viscosidade dinâmica |
| $\mu_l$ | viscosidade dinâmica do líquido |
| $\mu_t$ | viscosidade dinâmica turbulenta |
| $Y$ | viscosidade cinemática |
| $\upsilon_t^s$ | viscosidade turbulenta cinemática induzida pelo cisalhamento |
| $\upsilon_t^b$ | viscosidade turbulenta cinemática induzida pelo movimento das bolhas |
| $\rho$ | massa específica |
| $\rho_l$ | massa específica do líquido |
| $\sigma$ | tensão superficial |
| $\sigma_\epsilon$ | constante da equação de balanço para $\kappa$ |
| $\sigma_\kappa$ | constante da equação de balanço para $\epsilon$ |
| $\sigma_u$ | pico de flutuação longitudinal normalizado pela velocidade superficial |
| $\sigma_x'$ | tensão normal (direção x) devida à contribuição do cisalhamento (não inclui os efeitos das bolhas) |
| $\sigma_x''$ | tensão normal (direção x) devida à contribuição das bolhas |

$\sigma'_y$ — tensão normal (direação y) devida à contribuição do cisalhamento (não inclui os efeitos das bolhas)

$\sigma''_y$ — tensão normal (direção y) devida à contribuição das bolhas

$\tau$ — tensão devida aos efeitos viscosos naturais

$\tau^T$ — tensão devida aos efeitos turbulentos

$\tau_*$ — tensão cisalhante na parede

$\tau_b$ — tensão relativa à contribuição das bolhas

$\tau_i$ — tensão interfacial

$\tau_l$ — tensão relativa à viscosidade natural do líquido

$\tau_t$ — tensão relativa à contribuição do cisalhamento (sem considerar as bolhas)

$\tau_w$ — tensão cisalhante na parede

$\tau'_{xy}$ — tensão tangencial (direção y) devida à contribuição do cisalhamento (não inclui os efeitos das bolhas)

$\tau''_{xy}$ — tensão tangencial (direção y) devida à contribuição das bolhas

$\tau'_{yx}$ — tensão tangencial (direção y) devida à contribuição do cisalhamento (não inclui os efeitos das bolhas)

$\tau''_{yx}$ — tensão tangencial (direção x) devida à contribuição das bolhas

$\Gamma$ — taxa de produção de massa

# Capítulo 1

## A Complexidade dos Escoamentos Multifásicos

## 1.1 Introdução

Os escoamentos geofísicos, a fisiologia humana e animal, a produção de energia, a indústria de alimentos ou o transporte de hidrocarbonetos são fenômenos naturais e tecnológicos que ocorrem cotidianamente e que envolvem escoamentos multifásicos. Esta vasta gama de situações de interesse claramente desafia a comunidade científica a propor equações gerais que se apóiem em um arcabouço de argumentos teóricos e empíricos, com vistas ao estabelecimento de primeiros princípios, construídos sobre uma análise macroscópica ou microscópica, conforme a conveniência e os recursos materiais disponíveis e manipuláveis.

Algumas indagações próprias no uso de sistemas multifásicos em uma das indústrias que mais o utiliza, a petrolífera, podem ser: como podemos usar para a descrição da elevação artificial de óleo, gás e água correlações estáticas produzidas em diâmetros pequenos, se é necessária a aplicação de visões gerais dinâmicas que englobam diâmetros muito maiores e fenômenos, possivelmente, não observados em raios reduzidos? Como parametrizar efeitos multidimensionais com escalas físicas úteis? Como desenvolver coerentemente modelos seguindo uma linha de raciocínio que respeita todo o arcabouço teórico já em voga ou que quebra paradigmas?

Essas indagações compõem o núcleo central do pensamento investigativo, que deve pertencer àqueles que vão trabalhar sobre os escoamentos multifásicos turbulentos que são ricos em escalas, instáveis temporal e espacialmente e com fronteiras dinâmicas. Aliás, essas fronteiras reservam dificuldades quase que intransponíveis, considerando a impossibilidade de conhecer todas as deformações, trocas e outras singularidades presentes de difícil medição e tratamento analítico e numérico.

A fim de retratar somente o grau de dificuldades pertencente a um tipo de escoamento mais simples, o escoamento monofásico turbulento, voltemos nossa atenção para a figura 1.1, cuja experimentação foi realizada com anemometria de fio quente no modo constante de temperatura. A experimentação contou com o acompanhamento da temperatura dentro do túnel, a fim de impedir a aceitação de dados em uma temperatura diferente da inicialmente utilizada para calibração da instrumentação.

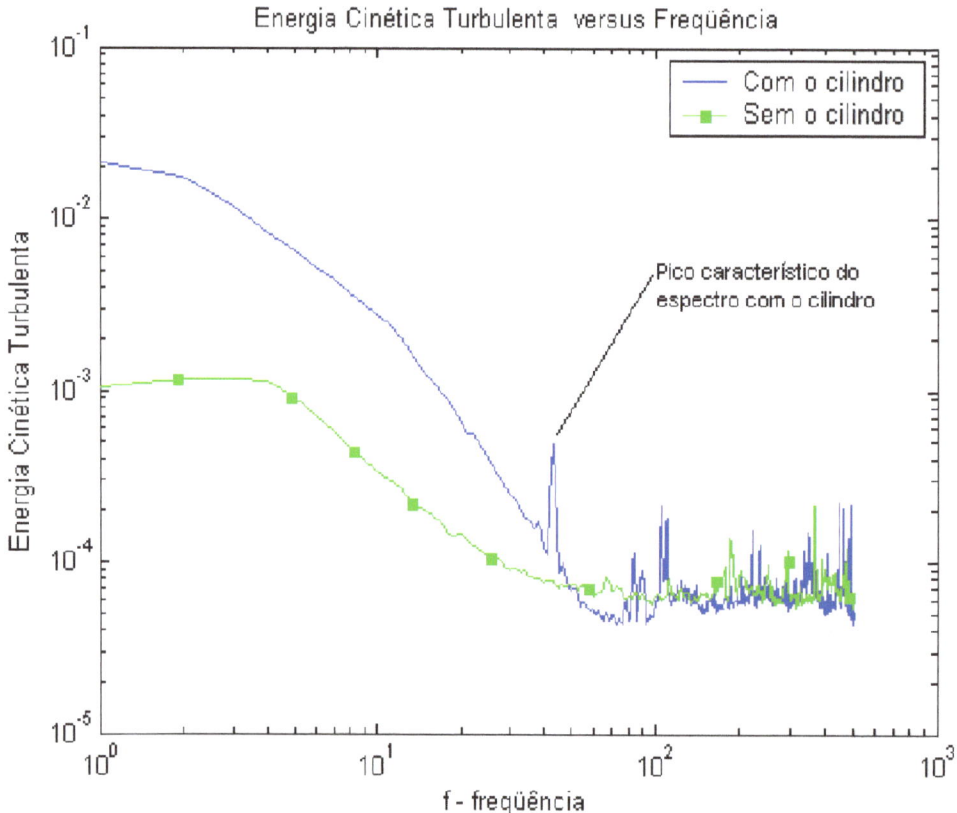

Figura 1.1: Espectro de freqüências obtido de experimentos em um túnel de vento operado no laboratório de Turbulência da COPPE/UFRJ.

Observe que a evolução da energia cinética turbulenta é fortemente influenciada pela presença de um cilindro transversal ao escoamento. Esse objeto fixado no túnel de vento aumenta a energia do movimento caótico das partículas fluidas, mais especificamente em escala de freqüência correlacionada com o diâmetro do cilindro. Note que o cilindro não está em movimento como as bolhas presentes em um escoamento bi-fásico. Em geral, não podemos controlar o diâmetro das bolhas em uma população dessas, que formam com a fase líquida fronteiras deformáveis e móveis. Como a fase dispersa influencia alterações no escoamento? Como caracterizar essa nova fonte de instabilidades? Mais uma etapa pertinente a esta obra.

Apenas para complementar informações obtidas dos espectros anteriores, as séries temporais obtidas sem e com o cilindro foram usadas para obter a média das velocidades e o valor das flutuações, a fim de gerar os espectros de freqüência da propriedade energia cinética turbulenta. Vamos conhecer essas séries temporais nas figuras 1.2 e 1.3 - o tempo está marcado em segundos. Frisamos a importância da coleta do sinal de velocidade por certo período de tempo, o que garante o atendimento do pré-requisito de ergodicidade do sinal, que, em outras palavras, torna idêntica a média tomada no tempo, no espaço ou em uma combinação dessas dimensões físicas. Essa identidade das médias é desejável, porque qualifica a tomada de propriedades estatísticas do escoamento.

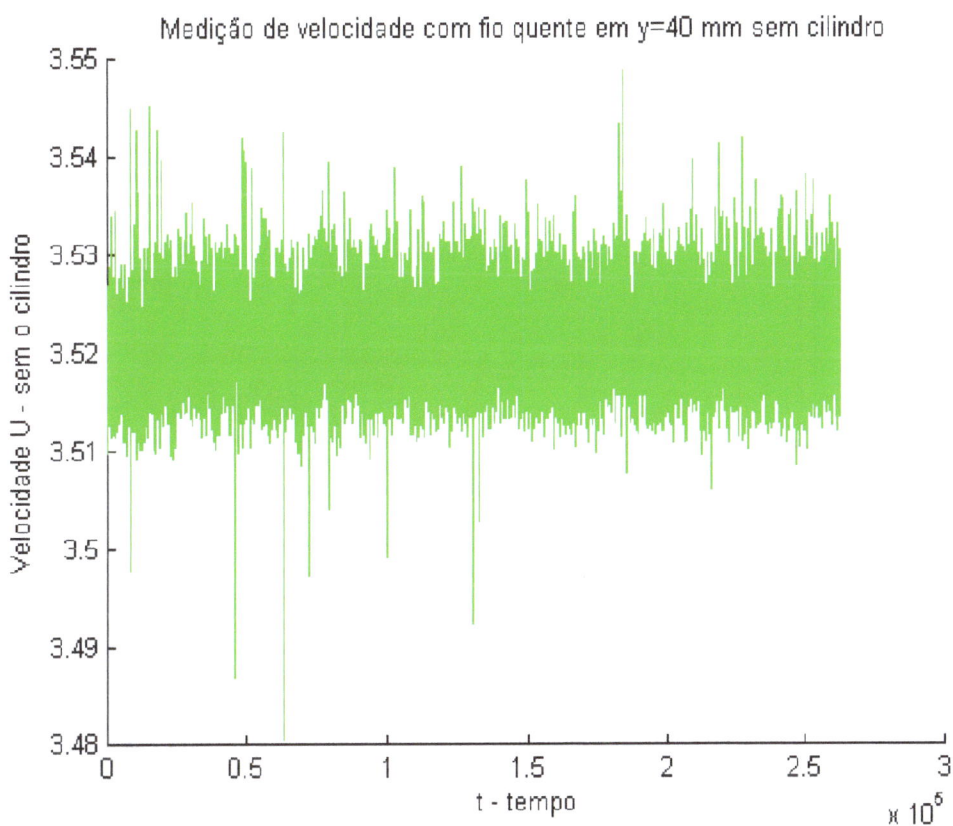

Figura 1.2: Série temporal da propriedade velocidade (m/s) - sem a presença do cilindro.

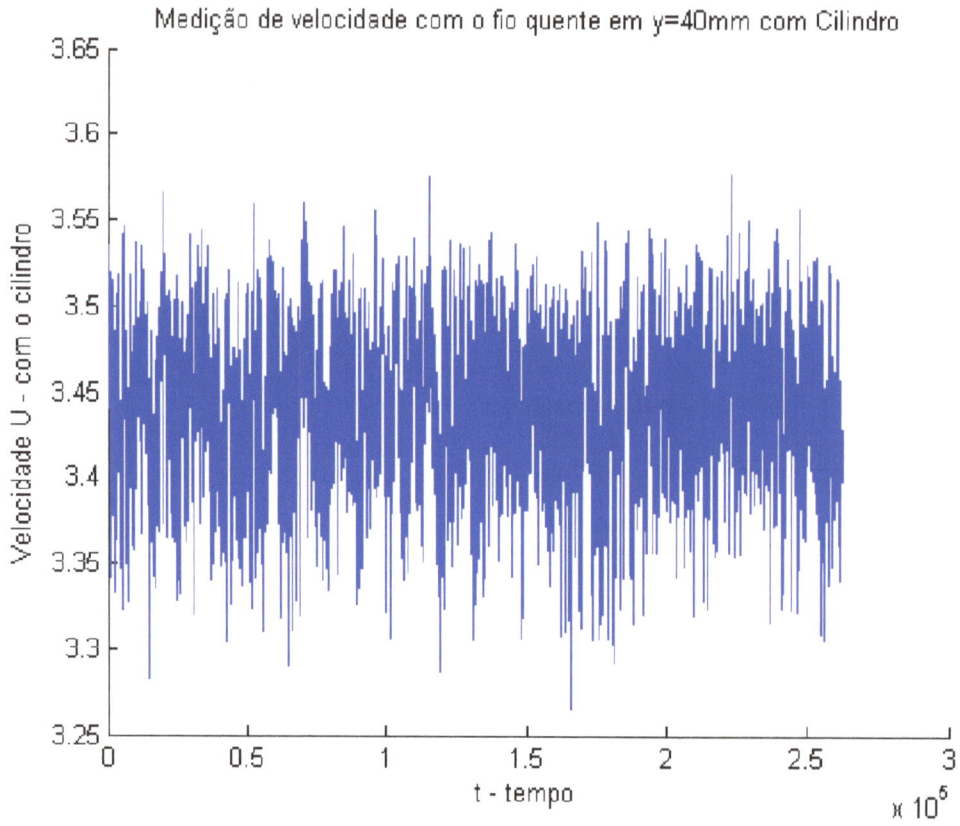

Figura 1.3: Série temporal da propriedade velocidade (m/s) - com a presença do cilindro.

Continuando, o desenvolvimento de modelos para escoamentos bi-fásicos continua sendo uma seara a ser muito explorada. A busca de correlações muito restritas às configurações do problema dominou os primeiros esforços para tratar os escoamentos bi-fásicos (LOCKHART e MARTINELLI, 1949), mas se revelou imprópria em caracterizar com flexibilidade a realidade física, quando há, mesmo, pequenas alterações das condições do escoamento. Esses métodos clássicos são unidimensionais, apoiados em características globais e em regimes homogêneos ou anulares. Suas simplificações removem atributos físicos importantes levando a predições hidrodinâmicas frágeis. Uma abordagem mais generalista é necessária para atender uma adequação mínima aos problemas típicos de engenharia, onde os parâmetros de funcionamento dos sistemas de escoamento são muito dinâmicos e há esforços constantes de vencer os limites já conquistados.

Para o estudo de alguns regimes, a utilização pura das equações de Navier-Stokes (que são diferenciais parciais de segunda ordem e não-lineares) para predizer escoamentos com mais de uma fase mostra-se inviável computacionalmente na maioria dos casos, considerando, por exemplo, a aplicação de uma equação desse tipo para cada fase discreta. Por exemplo, na análise de um escoamento com N bolhas, precisa-se de N+1 equações para caracterizar todo o escoamento (uma para cada bolha e outra para a fase contínua). Essa abordagem não escalável pode ser substituída por outra que desenvolve médias sobre os escalares e os campos do fenômeno, a fim de reduzir bastante o número de condições de contorno do problema e tornar mais plausível a busca de soluções em um domínio macroscópico. Lembremos que o estudo dos escoamentos multifásicos envolve interfaces móveis, deformáveis e altamente instáveis, onde podem estar ocorrendo quebras, coalescências, mudanças de fase e reações químicas em diversas escalas de tempo e de comprimento.

A coexistência de vórtices turbulentos com as interfaces móveis desses escoamentos implica na combinação de efeitos, que compreendem a transmissão de energia mecânica entre ambos, que podem provocar mudanças nas escalas de comprimento e de tempo da turbulência e das próprias interfaces móveis. Rastrear esses fenômenos em modelos é um passo adiante, que deve envolver a escolha de um método que contempla ou o entendimento prévio dos fenômenos separadamente para a proposição de soluções locais e instantâneas promediadas gerais ou a tentativa de resolução desconsiderando esse entendimento. No presente trabalho, buscamos estudar a modelagem próxima da parede de um escoamento incompressível, permanente, plenamente desenvolvido, adiabático, verticalmente ascendente, borbulhante, bi-fásico e turbulento água-ar, caracterizado por uma concentração máxima de bolhas próxima da região onde predomina a produção do cisalhamento. Focamos nossos esforços em propor novas equações para o modelo $\kappa$-$\epsilon$ com base em formulações possíveis para o fenômeno estudado na sub-estrutura turbulenta presente tanto em escoamentos internos como em escoamentos do tipo camada limite.

A confrontação dos resultados obtidos com conjuntos de dados experimentais diversos colaborou para fornecer maior substância e objetividade ao nosso corpo teórico. Voltamos aos trabalhos produzidos com diferentes aparatos e técnicas experimentais. Também, construímos comparações com outras propostas encontradas na literatura, a fim de enriquecer este trabalho e permitir que o usuário dessas soluções possa eleger aquela que se mostrar mais lúcida conforme novos experimentos a serem feitos futuramente e que podem, inclusive, revelar outra significação para os estudos feitos.

Ressaltamos que a nova escala de velocidade identificada para a correção da lei logarítmica leva a formulações para $\kappa$ e $\epsilon$ muito diferentes das encontradas por TROSHKO e HASSAN (2001b). Portanto, novas condições de contorno são geradas a partir da presente formulação e tais são apropriadas para substituir a lei da parede monofásica atualmente empregada em códigos comerciais conhecidos.

Note que para mitigar os cálculos computacionais, que dependem de uma malha muito discretizada nas vizinhanças da parede, aplica-se uma predição via lei da parede monofásica. Fatos experimentais comprovam a necessidade eminente de alterar a clássica função logarítmica para abarcar os problemas bi-fásicos.

## 2. Exemplo de Aplicação na Indústria de Energia

A extração de hidrocarbonetos em ambientes marinhos traz desafios constantes no desenvolvimento de sistemas multifásicos submarinos, que envolvem tanto a preocupação em tornar algo que já funciona melhor, o que denominamos de otimização (AYATOLLAHI *et al.*, 2004), como permitir alcançar novos limites de profundidade e novas metodologias para tornar viável técnica e economicamente a elevação artifical de fluidos para as plataformas ou, mesmo, diretamente para uma estação de recebimento em terra. Em lâminas rasas, podemos encontrar até mesmo poços surgentes, o que é mais raro com a busca de óleo e gás em águas profundas ou ultraprofundas como os desafios típicos encontrados na costa brasileira. Exemplo atual é o campo de Tupi, que representa uma nova fronteira exploratória com grande acumulação em seções de pré-sal a 300 km da costa e entre 5000 e 6000 m de profundidade abaixo do nível do mar. Quais os limites que devem ser alcançados? Qual o diâmetro das tubulações a serem projetadas e as vazões mássicas esperadas? O que preferir: força bruta ou inteligência? Novos cenários exigem novos modelos de mecânica dos fluidos objetivando tratar realidades pouco estudadas e desenvolvidas na literatura científica. Não obstante todo o corpo teórico já apresentado e explorado para a modelagem de diversos escoamentos multifásicos, a área de modelagem física e matemática avança para poder trazer a engenharia para novos patamares de realização e permitir o refinamento ou a criação de novas técnicas de elevação artificial. A técnica conhecida como elevação por injeção de gás (figura 1.4) é um exemplo típico de sistema de elevação artificial, cuja fenomenologia do escoamento depende da geração de bolhas para o aperfeiçoamento da surgência do poço (veja a figura 1.4). Desenvolver modelos que explorem o escoamento borbulhante presente nessa tecnologia, permite conhecer a fundo o fenômeno para administrar evoluções na válvula de injeção de gás, desenvolver outros tipos de intervenção mecânica ou mesmo usar técnicas de controle a fim de oferecer maior economicidade e eficiência na produção de hidrocarbonetos, podendo os três itens mencionados serem combinados para a uma concretização mais vantajosa.

A tecnologia de injeção de gás é empregada quando a pressão de fundo de poço inicia um processo de decréscimo lento até tornar o poço improdutivo após anos de produção. Ao injetar gás por meio de válvulas, a perda de carga gravitacional é contrabalanceada, resultando globalmente em uma diminuição da pressão na entrada do tubo (PFP - pressão de fundo de poço). A queda de pressão no tubo vertical implica uma queda de pressão no reservatório, que leva a um aumento da vazão de óleo produzida (GUET e OOMS, 2006).

A modelagem dos diferentes regimes de escoamento e a percepção correta do regime em funcionamento na produção de fluido podem fomentar ações que visam uma intervenção correta no funcionamento desse sistema, quando adotado para a recuperação da produção depoços maduros. O estudo desenvolvido nessa obra vem colaborar com a elucidação do fenômeno de escoamento borbulhante turbulento com picos de fração de vazio próximo da parede, aliando conhecimentos dos paradigmas vigentes com resultados experimentais para a apropriada análise mecânica.

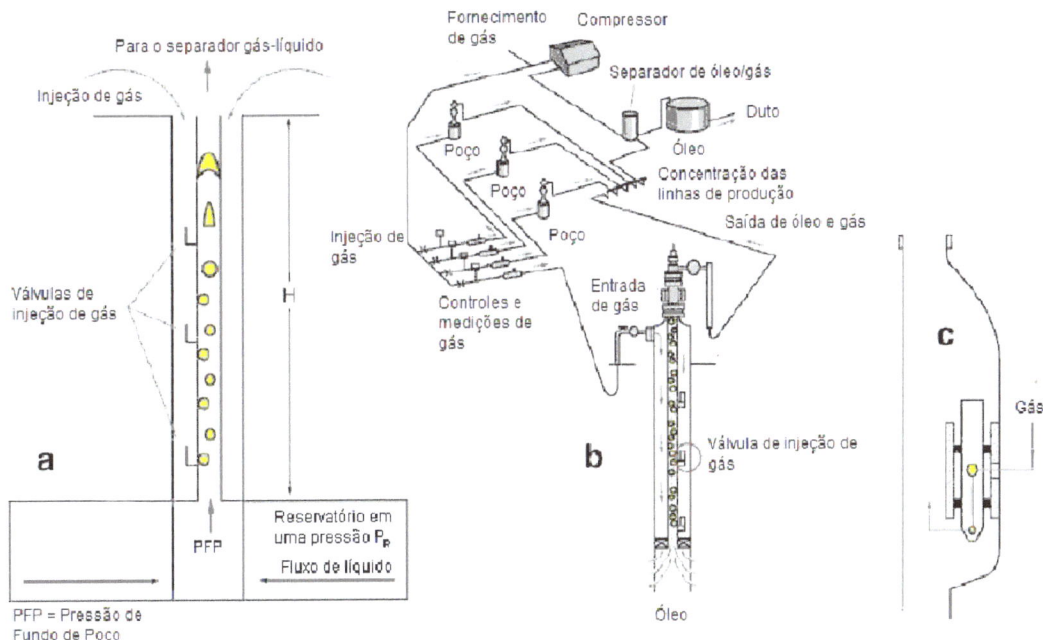

Figura 1.4: Visões de uma instalação de elevação artificial por injeção de gás - adaptada de GUET e OOMS, 2006.

# 1.3 Modelagem

A evolução dos computadores nas últimas décadas levou a uma verdadeira revolução em amplas áreas do conhecimento. A mecânica dos fluidos aproveitou isso e foram desenvolvidos diversos códigos numéricos dedicados à massiva tarefa de resolver as equações debalanço para diversos escoamentos. Ainda sob limitações severas, foram criadas diversas estratégias para acelerar o cálculo ou resolver minimamente os problemas de escoamento. Em virtude da multiplicidade de escalas turbulentas e a clara dificuldade de encontrar soluções para as complexas e numerosas equações diferenciais, a resolução das equações de Navier-Stokes promediadas fazem uso de técnicas que restringem o número de equações diferenciais ou limitam as escalas consideradas.

Encontrar equações constitutivas para o problema que reduzem o número de operações computacionais é imprescindível, tendo em vista as limitações conhecidas, quando abordamos qualquer fenômeno vasto em escalas. Pois, uma larga avenida se abre para o desenvolvimento de modelos, que devem ser ao mesmo tempo razoáveis para a descrição fenomenológica e, também, possíveis de serem aplicados em ferramentas computacionais. Podemos lembrar Osborne Reynolds como um importante precursor dos métodos preditivos ao sugerir que campos de velocidade turbulentos pudessem ser decompostos em uma parte média e outra flutuante. Sua notável simplificação permitiu caminhar teoricamente desenvolvendo novos conceitos, que combinados com as equações originais de Claude-Louis Navier (1785-1836) e George G. Stokes (1819-1903) alavancaram o estudo da hidrodinâmica de escoamentos comumente presentes na natureza, escoamentos em regime turbulento (ALHO e ILHA, 2006).

A equação encontrada pela abordagem de Reynolds separa as influências turbulentas do escoamento médio, trazendo novas incógnitas, que resultam em um número de variáveis independentes superior ao número de equações governantes. Esse é o problema do fechamento em turbulência.

Diversos modelos de fechamento podem ser encontrados na literatura:

- Modelos algébricos: se baseiam na hipótese de Boussinesq, que apresenta o conceito de viscosidade turbulenta. O valor da viscosidade turbulenta é obtido através de uma equação algébrica construída com as escalas turbulentas características.

- Modelos a uma equação de transporte: esse modelo faz uso de uma equação diferencial de transporte para a obtenção de uma propriedade turbulenta. Em geral, um comprimento de escala $l$ é obtido algebricamente e a energia cinética turbulenta $\kappa$ é obtida da equação diferencial. Esse tipo de modelo também faz uso do conceito de viscosidade turbulenta.

- Modelos a duas equações de transporte: usa duas equações diferenciais de transporte de propriedades turbulentas. Esse modelo adota uma equação de transporte para a energia cinética turbulenta ($\kappa$) e uma para a taxa de dissipação de energia cinética turbulenta ($\epsilon$) por unidade de massa.

- Modelos para as tensões de Reynolds: conhecidos também por modelos de fechamento de segunda ordem. Usam equações de transporte explícitas para o tensor de Reynolds (ALHO e ILHA, 2006).

Os três primeiros modelos citados são modelos que envolvem o conceito de viscosidade turbulenta. Neste trabalho, focamos em buscar modelos a duas equações $\kappa$-$\epsilon$ na literatura, além de desenvolver nosso conjunto de equações governantes e constitutivas para uma modelagem própria. Considerando uma investigação da região próxima da parede, a idéia é que esse conjunto possa ser adaptado para diversos regimes, onde existam picos de fração de vazio próximos à região da parede. Portanto, não privilegiamos um único regime, mas, um escoamento com bolhas próximas à parede, fenômeno que pode ocorrer em regimes do tipo pistonado, disperso com bolhas, agitado, transicionais (NAKORYAKOV et al., 1981) e outras classificações típicas encontradas no trabalho de ISHII e HIBIKI (2006). Uma excepcionalidade é o regime anular. Possivelmente, para aplicações em regime pistonado há a necessidade de mudar a forma de medição da fração de vazio para separá-la em duas partes: uma referente à passagem das bolhas de Taylor e outra relacionada com a região entre essas bolhas, o que não é tradicional na literatura estudada, que unifica a medição desse parâmetro local. Para o regime agitado, devido à sua elevada irregularidade, é mais difícil uma tentativa de aplicação do modelo, mas isso precisa ser verificado.

# 1.4 Escolhas Preliminares para a Modelagem

Neste trabalho, optamos pela utilização do modelo de dois fluidos que descreve equações de balanço separadamente para cada fase. Esse modelo traz mais informações sobre o escoamento, quando comparado com o modelo de mistura ou de desvio de fluxo, que usa a idéia de uma massa específica virtual. Os desenvolvimentos precursores para a modelagem do escoamento bi-fásico borbulhante, que identificamos, trazem aquela metodologia e buscam adicionar os efeitos das bolhas na alteração comprovada experimentalmente da curva logarítmica de velocidade próxima da parede. As perturbações provocadas pelas bolhas vão alterar a cinemática e a dinâmica envolvidas, trazendo mudanças nos campos macroscópicos adotados. Nosso enfoque busca tratar essas perturbações típicas do regime borbulhante com as instabilidades originadas da turbulência e, para isso, trazemos novas equações constitutivas baseadas em fatos experimentais diversos como o comprimento de mistura de Prandtl, o equilíbrio local observado entre a produção e a destruição de energia cinética na região fortemente turbulenta próxima da parede, a viscosidade turbulenta de Boussinesq e, embutido em nossas escolhas, consideramos as hipóteses de dois contínuos, o princípio do determinismo, a independência do sistema de coordenadas e a conservação de quantidade de movimento angular.

A hipótese do contínuo vai permitir ter equações exatas matematicamente para focar a modelagem do problema. Com a aplicação do teorema de transporte de Reynolds sob o termo inercial e do teorema de Green (permite a conversão de uma integral de área para uma integral de volume) sob o termo advectivo ou de fluxo chegamos a uma formulação diferencial apropriada conforme a proposta de ISHII e HIBIKI (2006). Também, aplicamos o entendimento de tratar com fluidos newtonianos. Verificamos que a equação da quantidade de movimento leva ao cálculo mais generalista da segunda lei de Newton. Todo esse arcabouço teórico montado e combinado com as conhecidas equações para a taxa de dissipação e para a energia cinética turbulenta (usadas para o fechamento do problema de turbulência típico em escoamentos monofásicos) permite a montagem de um conjunto de equações com relações constitutivas completas para uma descrição mais avançada de um sistema bi-fásico. Tratamos nesta obra com uma energia cinética turbulenta gerada pelos fenômenos da passagem das bolhas e do cisalhamento turbulento da fase líquida; portanto, poderíamos adotar uma nomenclatura específica para a energia cinética turbulenta bi-fásica e para taxa de dissipação dessa mesma energia. Mas, para efeito de simplicidade, mantemos as formas energia cinética turbulenta ($\kappa$) e taxa de dissipação dessa energia ($\epsilon$) por unidade de massa.

Um importante ponto relacionado ao escoamento com bolhas diz respeito às propriedades estatísticas dessas. Notamos em estudos precursores que tal fato é determinante para a formação da concentração máxima de fração de vazio próxima da parede (MOURSALI *et al.*, 1995; MARIÉ *et al.*, 1997), formando um perfil do tipo "cela de cavalo" (NAKORYAKOV *et al.*, 1981; BEYERLEIN *et al.*, 1985). Portanto, consideramos regimes com um tamanho médio característico de bolhas para apresentarmos a lei da parede, que será chave para outros aprimoramentos em nossa modelagem. Avante temos um gráfico que ajuda a verificar o perfil radial de fração de vazio típico em alguns regimes bi-fásicos (figura 1.5).

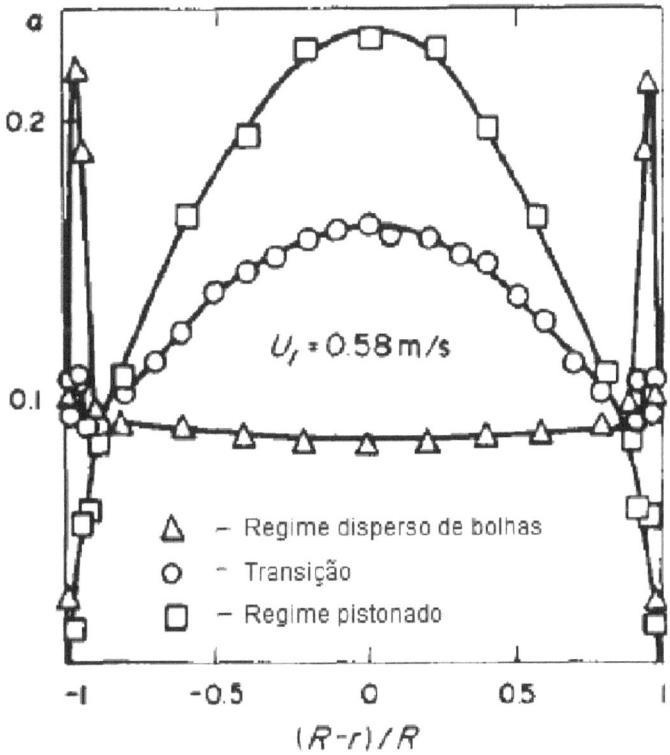

Figura 1.5: Perfil radial de fração de vazio para alguns tipos de regimes bi-fásicos. O regime disperso com bolhas apresenta maior concentração de vazio próximo da parede e os seus pontos experimentais estão representados por triângulos - adaptado de NAKORYAKOV *et al.*, 1981.

Avançando, em uma abordagem muito utilizada por químicos, no gráfico da figura 1.6, a viscosidade é tratada como difusidade e é apresentada como $\epsilon_t$ para a difusividade turbulenta e $\epsilon_{tp}$ para a difusão bi-fásica. Concentre a atenção sob a região morfologicamente denominada turbulenta (apresentada como uma reta em gráfico semi-log). Sem sombra de dúvida, tal região apresenta uma disposição dos dados experimentais muito diferente da previsão tradicional monofásica. Perceba que a fração de vazio ($\alpha$) possui um pico característico no piso turbulento. A região viscosa bi-fásica mantém aproximadamente seu formato no funcionamento monofásico segundo SATO *et al.* (1981b). O efeito da passagem da população de bolhas é mais forte no piso turbulento, a partir do qual pode irradiar seus efeitos para as regiões adjacentes, mas pelo gráfico tal não proporciona mudança no piso viscoso. O que isso quer dizer se houver comprovação experimental disso? Significa que a medição da tensão na parede pode mascarar a verdadeira velocidade de escala responsável por participar da lei da parede bi-fásica. Se o sensor se encontra exatamente na parede, a velocidade de escala obtida da definição $U_* \equiv \sqrt{\tau_w/\rho_l}$ pode não retratar a contribuição da passagem das bolhas típica do escoamento bi-fásico com bolhas. Repetindo, se não se verifica nenhuma mudança no piso viscoso, por que usar essa velocidade de escala como condição de contorno na primeira integração da equação de conservação de quantidade de movimento?

Esse é um ponto muito interessante. Na equação de balanço de quantidade de movimento para o modelo $\kappa$-$\epsilon$, qual a velocidade de escala que deve ser considerada como condição de contorno do problema? A velocidade de escala exatamente medida na parede ou uma velocidade de escala diferente, medida em uma posição adjacente à parede em uma região que podemos chamar de parede virtual? Novamente, por que essa enigmática questão? O gráfico da figura 1.6 é parte da chave para responder o problema, que vamos deixar para oferecer uma solução no momento da apresentação de um novo conjunto teórico para o modelo $\kappa$-$\epsilon$ em contraste com a solução proposta em BITENCOURT *et al.*, 2008. A verdade é que não temos dados experimentais (no gráfico da figura 1.6) na região do piso viscoso que justifique usar ou não a velocidade de atrito na parede medida tradicionalmente na coordenada transversal y = 0 mm, onde a origem do sistema espacial é fixada na parede.

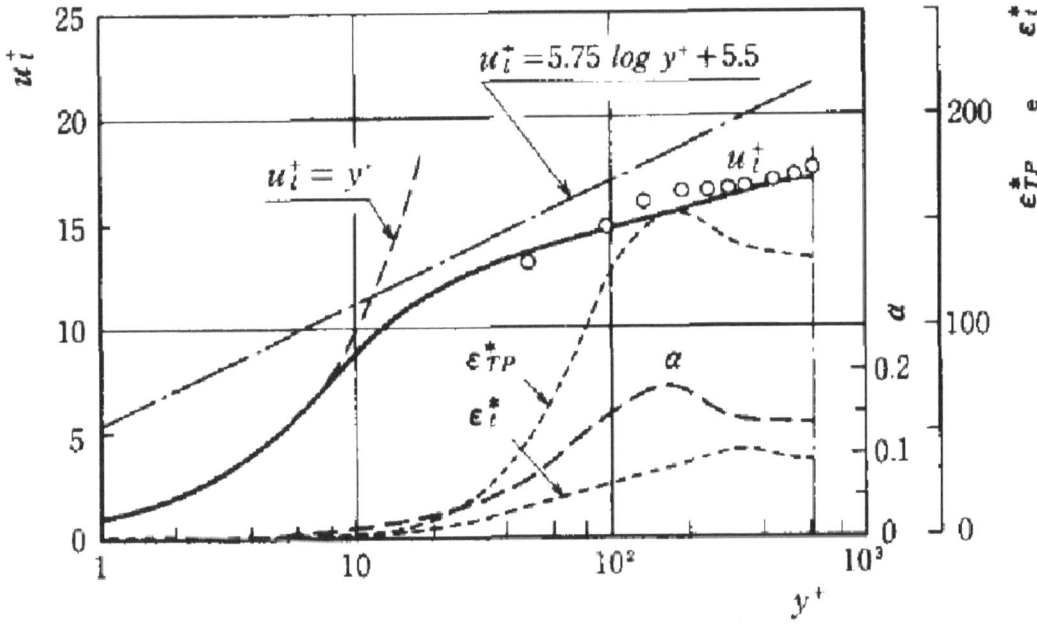

Figura 1.6: Perfil de velocidade média do líquido próximo da parede com a apresentação de uma morfologia constituída por um piso viscoso e outro turbulento próximo da parede. Os dados experimentais não acompanham a lei da parede monofásica - adaptado de SATO *et al.*, 1981b.

Outro fato relevante é que o diâmetro reduzido das bolhas permite simplificar o problema, utilizando apenas equações para a fase líquida (veja TROSHKO e HASSAN, 2001a), eliminando as possíveis equações governantes e constitutivas da fase descontínua, já que a mesma é tratada como um vazio que altera a estrutura turbulenta da fase líquida. Note que seguimos o raciocínio que a ordem de grandeza da massa específica do líquido é muito superior da respectiva propriedade da fase gasosa (TROSHKO e HASSAN, 2001a citando: SERIZAWA *et al.* 1975a, SERIZAWA *et al.*, 1975b e SERIZAWA *et al.*, 1975c). Também, estudamos os parâmetros locais principais para identificar as alterações provocadas pela fase dispersa.

# Capítulo 2

## Lei da Parede para Escoamentos com Bolhas

## 2.1 Introdução

Investigando os esforços científicos empreendidos para a modelagem do escoamento com bolhas, identificamos alguns trabalhos que trazem paradigmas úteis para o tratamento físico e matemático do problema em foco. SATO e SEKOGUCHI (1975) propuseram a decomposição do vetor velocidade da fase líquida no escoamento borbulhante em três componentes: um médio, um devido às perturbações turbulentas sem considerar a outra fase e outro devido às flutuações originadas pela presença das bolhas. Analisando esse trabalho, verificamos que essa consideração leva, naturalmente, a um novo tensor turbulento, que aplicado na equação para predição de velocidade do líquido vai trabalhar bem a região nuclear do perfil de velocidade, mas vai falhar sistematicamente na previsão próxima da parede, conforme o contraste com as experimentações desenvolvidas pelos próprios autores. Essas experimentações utilizaram escoamento de água turbulento completamente desenvolvido e injetores com 3 mm de diâmetros para introdução contínua de ar. Observe que as medições de velocidade da fase contínua foram feitas com medidores de pressão por impacto, os quais não possuem a alta resolução espacial e temporal própria da técnica de anemometria de filme-quente.

A formulação teórica proposta por SATO e SEKOGUCHI (1975) engloba novas equações para a descrição turbulenta do escoamento. Vamos conhecer as equações propostas. As componentes da velocidade longitudinal à direção principal do escoamento (u), da velocidade transversal (v) e da pressão (p) podem ser escritas conforme (2.1). Observe que há um termo médio temporal com barra, um termo devido às flutuações turbulentas sem considerar as bolhas com um apóstrofo e um termo que trata das flutuações da propriedade concernentes à presença do borbulhamento com dois apóstrofos. Note que a proposição é uma evolução da superposição proposta para escoamentos puramente turbulentos.

$$u = \bar{u} + u' + u'' \qquad v = \bar{v} + v' + v'' \qquad p = \bar{p} + p' + p'' \qquad (2.1)$$

14

As equações apresentadas em (2.1) podem ser aplicadas na equação do movimento na direção longitudinal (direção x) para fluidos incompressíveis em regime permanente e considerados bidimensionalmente, equação (2.2), gerando a formulação presente em (2.3).

$$\frac{\partial u}{\partial t} + \frac{\partial (u^2)}{\partial x} + \frac{\partial (uv)}{\partial y} = -\frac{1}{\rho}\frac{\partial p}{\partial x} + \nu\nabla^2 u - g \qquad (2.2)$$

$$\frac{\partial (\bar{u}^2)}{\partial x} + \frac{\partial (\bar{u}\bar{v})}{\partial y} = -\frac{1}{\rho}\frac{\partial \bar{p}}{\partial x} + \nu\nabla^2\bar{u} - \frac{\partial \overline{(u'+u'')^2}}{\partial x} - \frac{\partial \overline{(u'+u'')(v'+v'')}}{\partial y} - g \qquad (2.3)$$

É importante frisar que SATO e SEKOGUCHI (1975) usa a idéia que as perturbações $(u', v')$ e $(u'', v'')$ são independentes umas da outras, o que leva às correlações $\overline{u'u''}$, $\overline{u'v''}$ e $\overline{u''v'}$ do lado direito de (2.3) assumirem valor nulo. A independência das correlações das influências viscosas define a separação total entre as fontes de flutuações do escoamento médio. Note que isso significa que não há combinação entre os parâmetros utilizados para modelar a tensão provocada pelas bolhas e a tensão provocada pelo cisalhamento turbulento da fase líquida. Qual princípio pode ser extraído de tal modelagem? O que denominamos nesta obra de princípio de separação das contribuições viscosas. Essa simplificação é crucial para reduzir a complexidade matemática do problema, a fim de torná-lo mais viável em termo de resolução. O tensor de Reynolds resume-se a:

$$\begin{bmatrix} \sigma_x' + \sigma_x'' & \tau_{yx}' + \tau_{yx}'' \\ \tau_{xy}' + \tau_{xy}'' & \sigma_y' + \sigma_y'' \end{bmatrix} = \begin{bmatrix} \rho\overline{(u'^2 + u''^2)} & \rho\overline{(u'v' + u''v'')} \\ \rho\overline{(u'v' + u''v'')} & \rho\overline{(v'^2 + v''^2)} \end{bmatrix} \qquad (2.4)$$

SATO e SEKOGUCHI (1975) deduziram as equações contidas em (2.5) para a tensão sobre o líquido no fenômeno de escoamento com bolhas bidimensional, considerando as tensões cisalhantes presentes em (2.4). Os efeitos turbulentos no interior da fase discreta (bolhas) não são considerados.

$$\tau = (1 - \alpha)(\mu\frac{\overline{du}}{dy} - \rho\overline{u'v'} - \rho\overline{u''v''} = \tau_l + \tau_t + \tau_b = \rho(1 - \alpha)(\nu + \epsilon' + \epsilon'')\frac{\overline{du}}{dy} \qquad (2.5)$$

Note que $\alpha$ refere-se à probabilidade de existência da fração de vazio em um ponto. Logo, em um escoamento com duas fases, a probabilidade de existência da fração de líquido em um ponto é sintetizada em (1-$\alpha$). Essa probabilidade é uma média temporal aplicada sobre um ponto. Por ser em um ponto, denominamos local. Logo, $\alpha$ é a fração de vazio local. Observe que $\tau_l$ é a tensão de cisalhamento devido à viscosidade do líquido ($\tau_l = (1 - \alpha)\rho\nu\frac{\overline{du}}{dy}$), $\tau_t$ é a componente da tensão devido aos efeitos turbulentos excluídas as perturbações das bolhas ($\tau_t = (1 - \alpha)\rho\epsilon'\frac{\overline{du}}{dy}$) e $\tau_b$ é a componente da tensão restrita às bolhas ($\tau_b = (1 - \alpha)\rho\epsilon''\frac{\overline{du}}{dy}$).

A difusidade turbulenta devido à presença das bolhas é introduzida originalmente por SATO e SEKOGUCHI (1975). Sua fórmula em (2.6) contém $\kappa_l$, que é tratada como constante empírica, $\alpha$, variável já discutida, $\hat{d}_b$, o diâmetro da bolha construído sob uma média espacial e $\hat{U}_b$, a velocidade relativa entre as fases, também média espacial. Aplica-se essa formulação para todo perfil radial do escoamento.

$$\epsilon'' = \kappa_l\alpha(\hat{d}_b/2)\hat{U}_b \qquad (2.6)$$

O raciocínio para alcançar (2.6) pode ser construído a partir da análise da figura (2.1). A presença da bolha deslocando-se verticalmente produz um efeito perturbador nas partículas do líquido envoltórias da bolha, quando maior o raio da bolha (aproximada por uma forma esférica). Perceba que, quanto maior o raio, maior é a massa da fração de vazio, o que ocasiona maior quantidade de movimento a ser transferida. Os argumentos são puramente mecânicos. A influência mecânica da bolha é sentida pelas partículas de líquido mais próximas dela; por isso, quanto mais próxima a bolha está do plano de controle traçado na figura (2.1), maior as flutuações geradas para o líquido próximo desse plano. Também, quando maior a velocidade relativa $U_B$ entre as fases, mais quantidade de movimento é transmitida pela passagem da bolha para o fluido envoltório; essa perturbação tende a ser dissipada caminhando em um comprimento de mistura específico, enquanto contida na dimensão desse comprimento, mantém-se a identidade hidrodinâmica. Observe que o deslocamento vertical da bolha provoca uma sucção de partículas de líquido na parte inferior da bolha e uma expulsão dessas partículas na parte superior, o que gera flutuações nocampo de velocidade da fase líquida. A argumentação física proposta pelos autores para descrever o efeito das bolhas é incorporada à formulação de Reichardt (1951) para o cálculo completo do campo de velocidade em um escoamento vertical bi-fásico, porém o resultado obtido próximo da parede é falho, o que leva ao questionamento da instrumentação (medidor de pressão de impacto) e da aplicabilidade da fórmula, usada para obter a velocidade a partir da pressão coletada pela instrumentação, para a região perto da parede. A instrumentação usada não tinha aplicação para escoamento bi-fásico consagrada no meio acadêmico.

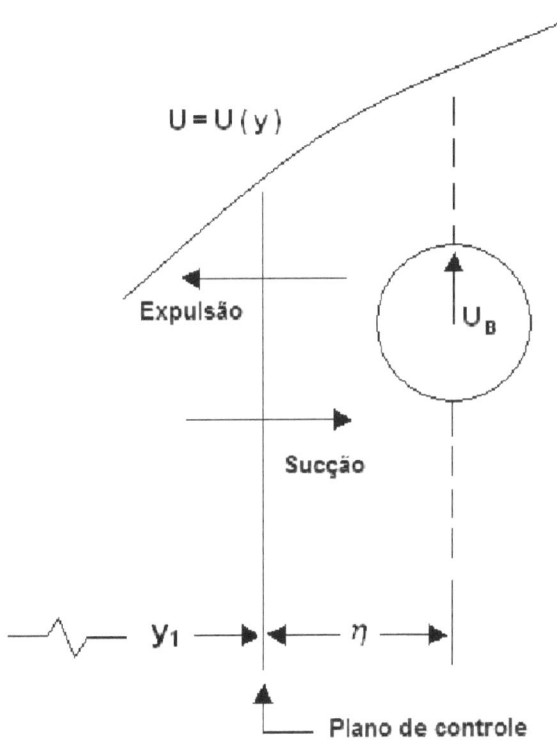

Figura 2.1: Fenômeno de transporte do líquido devido ao movimento de uma bolha - adaptado de SATO e SEKOGUCHI, 1975.

Em sua trajetória na tentativa de desvendar os escoamentos borbulhantes verticais, Sato e seus colaboradores publicam mais dois trabalhos importantes. O corpo teórico evolui em SATO *et al.* (1981a) e um conjunto de ensaios experimentais relevantes é disponibilizado para a comunidade científica em SATO *et al.* (1981b). Apoiando-se no trabalho de 1975, Sato e seus colaboradores trazem novas idéias na resolução da estrutura turbulenta dos escoamentos bi-fásicos com bolhas. Fazendo analogia com o fator de amortecimento proposto por Van Driest (1956), aplica-se esse fator para o cálculo da difusividade devida exclusivamente às bolhas. A nova formulação para $\epsilon''$ aparece em (2.7), onde $y^+$ é a distância normal à parede adimensional ($y^+ = y\,u^*/\mu$, $u^* =$ velocidade de atrito e $\mu =$ viscosidade dinâmica) e $A^+ = 16$, conforme aplicado na difusividade turbulenta.

$$\epsilon'' = \left\{1 - \exp\left(-\frac{y^+}{A^+}\right)\right\}^2 \kappa_l \alpha (\hat{d}_b/2)\hat{U}_b \qquad (2.7)$$

Os autores contribuem propondo uma adaptação empírica para o diâmetro das bolhas, tratando as peculiaridades características de seus formatos próximo à parede. Isso é apresentado em (2.8). O tamanho das bolhas caracteriza as escalas de flutuações produzidas pela fase dispersa.

$$d_b = \begin{cases} 0 & p/\ 0 < y < 20\mu m \\ 4y(\hat{d}_b - y)/\hat{d}_b & p/\ 20\mu m < y < \hat{d}_b/2 \\ \hat{d}_b & p/\ \hat{d}_b/2 < y < R \end{cases}$$

No trabalho anterior (1975), a constante empírica $\kappa_l$ foi considerada com valor um, raciocínio apoiado em poucos ensaios experimentais, cujo cerne foi a coexistência dos efeitos turbulentos sem bolhas e dos efeitos produzidos pelas bolhas. Em SATO *et al.* (1981a), busca-se entregar um valor mais confiável para a constante empírica realizando ensaios onde não ocorre escoamentos turbulentos. Segundo os autores é razoável postular que, mesmo em escoamentos borbulhantes, há supressão da turbulência, quando o número de Reynolds é inferior ao limiar crítico conhecido para a fenomenologia monofásica. Aplica-se a formulação em (2.9), onde $j_L$ é a velocidade superficial do líquido, D é o diâmetro da tubulação, $\mu_L$ é a viscosidade dinâmica do líquido e $(1 - \hat{\alpha})$ é a média espacial sobre a probabilidade de existir líquido no ponto observado. Essa última é uma propriedade global.

$$Re_L = \frac{j_L D}{(1-\hat{\alpha})\mu_L} < 2300 \qquad (2.9)$$

As experimentações foram conduzidas na condição de regime laminar para alcançar valores mais robustos para a constante empírica aplicada ao efeito das bolhas. A faixa para $\kappa_l$ encontrada situa-se entre 1,2 e 1,4, conforme a nova modelagem teórica e as experimentações conduzidas com anemômetro de filme quente e medidores eletro-resistivos. A velocidade relativa entre as fases foi medida adotando o valor da velocidade terminal encontrada para uma bolha em um líquido parado sob a exposição fotográfica com um estroboscópio eletrônico. Os resultados de predição teórica comparados com os obtidos nos ensaios com número de Reynolds inferior a 2300 foram concordantes, mas os autores sublinham a necessidade de estender seus experimentos aos escoamentos bi-fásicos turbulentos com os fenômenos de turbulência e de agitação das bolhas, sendo ambos significantes. Isso é feito no trabalho experimental apresentado por SATO *et al.* (1981b), conduzido em dutos verticais circulares com 26 mm de diâmetro interno para escoamentos plenamente desenvolvidos. A comparação dos dados experimentais (produzidos no estudo empenhado e em esforços anteriores de outros pesquisadores) com os cálculos teóricos sustenta a validade da teoria proposta pelos autores.

Em SERIZAWA *et al.* (1975a) encontramos uma discussão aprofundada sobre técnicas de medição e processamento de sinais com a apresentação de um instrumento e um método criados pelos autores para medição de características das bolhas. Adicionalmente, dificuldades próprias das instrumentações eletrônicas são trazidas à tona, enfocando a clara necessidade de medição detalhada e contínua da distribuição de diversos parâmetros locais, a fim de capturar as características intrínsecas ao escoamento bi-fásico. Em particular, é questionado o uso do medidor de impacto para a medição da velocidade do líquido para escoamentos bi-fásicos. Observe que essa técnica é adotada no trabalho de SATO e SEKOGUCHI (1975). A técnica nova descrita envolve a escolha entre dois métodos: um de autocorrelação e outro multicanal. Esses métodos são adotados com um medidor eletro-resistivo com dois sensores, cada sensor registra um valor para a quantidade de movimento no tempo da evolução da trajetória da bolha. Lembramos que o método eletro-resistivo apóia-se na diferença de resistividade elétrica entre as fases. Tal método, como outros, é válido quando temos um tempo de amostragem suficiente para o tratamento estatístico das bolhas - SERIZAWA *et al.* (1975a) citam um tempo de coleta de sinais entre 1 a 3 minutos para esse tratamento. É importante notar que a resolução temporal apropriada para caracterizar o fenômeno deve acompanhar qualquer investigação. No caso, o sistema proposto de medição depende que a bolha passe por dois pontos da instrumentação, o que torna mais complexo o processamento de sinais, que deve filtrar eventos em que a bolha toca o sensor inicial, mas não o final ou quando uma bolha toca o sensor inicial e é outra bolha que toca o sensor final. Essas considerações são válidas para a técnica multicanal, que, ao considerar estatisticamente uniforme essas duas causas de falha, consegue remover o sinal errôneo presente também uniformemente no espectro de freqüências. Para a técnica de autocorrelação, a função empregada permite obter o intervalo de tempo mais provável entre a bolha incidir sobre um ponto e outro do medidor - esse intervalo é simplesmente o ponto máximo dessa função, que correlaciona dois sinais (dos dois sensores) com larguras de pulso próprias. Observe que, para essa escolha, podem ocorrer medições de velocidades mais baixas, porque o sinal capturado no sensor final contém um pulso de largura menor, que, segundo os autores, está vinculado ao efeito de resistência hidráulica sentido pelas bolhas, quando penetram o sensor final.

A estrutura turbulenta do escoamento com bolhas ar-água foi investigada detalhadamente na obra de SERIZAWA *et al.* (1975b). Com a nova instrumentação apresentada no artigo anterior, os autores conseguiram medir o perfil de velocidade das bolhas em regimes pistonado, transiente e disperso com bolhas. A turbulência da fase líquida foi obtida com a anemometria de filme-quente, que, como seu similar para a medição da estrutura turbulenta do ar (anemometria de fio-quente), possui elevada resolução temporal e espacial, o que permite capturar as flutuações de quantidade de movimento. O efeito da entrada foi visualizado no fenômeno ainda não plenamente desenvolvido. Ficou claro, nesse caso, a assimetria axial do fenômeno. Houve preocupação em obter o espectro de frequência para a quantidade de movimento das bolhas e da água, o que permitiu notar distribuições estatísticas próprias dos testes nas condições estudadas. Isso pode ser útil para, via técnicas de processamento de sinais, desenvolver intrumentação eletrônica para identificar fases, mas, também, regimes específicos de escoamento multifásicos, conforme visão do autor desta obra. Os autores também forneceram dados do perfil radial de velocidade de escorregamento entre as fases, através da diferença entre as velocidades das fases. Além dessas contribuições, nesse artigo fundamentalmente experimental, são proferidas algumas observações teóricas, na seara qualitativa, úteis, que evoluímos e apresentamos logo a seguir. Com menos volume de líquido, pois há presença de bolhas e células de Taylor, há menos espaço para dissipação turbulenta no próprio líquido. Isso contribui, favoravelmente, para o aumento da intensidade turbulenta. Por sua vez, a movimentação das bolhas linearmente e angularmente contribui para a dissipação da energia das flutuações turbulentas. A dissipação de energia pode ocorrer pelo movimento das partículas de gás no interior das bolhas, que funcionam amortecendo as perturbações na fase líquida. As corrugações e diferentes formatos de bolha observados, segundo os autores, indica acerto na trajetória do último raciocínio teórico exposto.

Continuando a série de artigos, no trabalho de SERIZAWA *et al.* (1975c) sustentado pelos artigos anteriores, chega-se a uma conclusão importante: as componentes de velocidade turbulenta da fase líquida dominam o fenômeno turbulento bi-fásico do escoamento (conclusão em relação à região nuclear do escoamento). Com base em uma teoria de comprimento de mistura, é analisado o transporte de quantidade de movimento. O perfil de velocidade é mais achatado nos escoamentos com bolhas na comparação com o fenômeno monofásico. Esse fato (mais a consideração de haver maior difusividade turbulenta pelo efeito das bolhas) permite concluir um comprimento de mistura maior. Essas observações são apoiadas experimental e analiticamente. Para os autores, o comprimento de mistura parece ter influência forte da fração de vazio e da velocidade do líquido.

Em outra escola de conhecimento, surge o trabalho de NAKORYAKOV *et al.* (1981), que nos apresenta esforços experimentais na investigação das características locais do escoamento ascendente gás-líquido em tubos maiores (86,4 mm de diâmetro interno) e identifica instabilidades no regime com bolhas em baixas velocidades da fase contínua. Seu trabalho colabora para o rompimento do paradigma proposto por Lockhart-Martinelli, que não considera a distribuição não uniforme do perfil radial de fração de vazio, levando a falhas de predição, conforme observadas pelos autores. Os métodos clássicos (Lockhart-Martinelli e Armand) são criticados por serem unidimensionais e terem como sustentação modelos de escoamento bi-fásicos homogêneos ou anulares. As experiências foram desenvolvidas com método eletroquímico, a fim de medir a tensão de cisalhamento na parede, a velocidade do líquido e as intensidades das perturbações de seus valores. Em vazões de líquido inferiores a 1 m/s foi observado que o regime com bolhas possui histerese e que é possível a existência de dois regimes estáveis. Com o aumento da vazão de líquido, esse efeito não é mais observado. Isso também ocorre com o aumento da fração de vazio e a transição para o regime pistonado. Os autores conseguiram notar que regimes com pico de fração de vazio nas vizinhanças da parede possuem altos valores de tensão cisalhante na parede, três a sete vezes superiores àquelas calculadas com os métodos clássicos (por exemplo, Lockhart-Martinelli). Também, foi observado que a adição da fase gasosa em regimes borbulhantes muda drasticamente a estrutura média do escoamento e ligeiramente a estrutura turbulenta, o que já não foi observado para o regime pistonado, em que ambas as estruturas média e turbulenta são consideravelmente modificadas.

Em paralelo ao trabalho de SATO *et al.* (1981a), temos na mesma época, uma elucidação analítica proposta por VAN DER WELLE (1981) com base na divisão do campo de velocidade proposta originalmente em SATO e SEKOGUCHI (1975). No artigo de VAN DER WELLE (1981), a formulação envolve o uso de coordenadas cilíndricas e da hipótese Boussinesq, que considera o termo que correlaciona as flutuações turbulentas nas diferentes direções proporcional ao gradiente local de velocidade. Na descrição bidimensional para as equações que governam o fenômeno bi-fásico com bolhas, usa-se uma série de correlações de trabalhos anteriores e é proposta uma específica para a difusividade das bolhas com um coeficiente linear e outro angular. Sua correlação para bolhas é $\epsilon/\nu = \alpha(a + bU_g\rho_L D/\mu_l)$. Nessa correlação, $a$ e $b$ são coeficientes, $U_g$ é a velocidade do gás, $\rho_l$ é a massa específica do líquido, $D$ é o diâmetro da tubulação, $\mu_l$ é a viscosidade dinâmica do líquido e $\alpha$ é a fração de vazio. Inicialmente a fração de vazio não multiplicava o coeficiente linear da solução analítica, porém, com finalidade de tornar a expressão generalista, esse parâmetro foi colocado multiplicando todo o lado direito da equação. Com isso, facilmente, inclui-se o fenômeno monofásico.

É notório, na literatura estudada até este ponto, a importância do padrão de escoamento para a proposição de modelos analíticos que descrevem os escoamentos bi-fásicos, o que leva, em geral, à análise em separado de cada regime.

MARIÉ et al. (1987) apresenta trabalhos com escoamento bi-fásico ascendente com bolhas comparando-os com as correlações (tipicamente usadas na engenharia) de Lockhart-Martinelli e Lockhart-Nelson. Seus estudos, contrastados com essas correlações, são válidos para baixas frações de vazio (entre 0,2 e 0,3) e apóiam-se na similaridade do escoamento na camada limite em relação ao escoamento monofásico através de uma grade, além da manutenção da lei logarítmica próxima da parede. Diferentemente dos trabalhos anteriores de SATO et al. (1981a) e VAN DER WELLE (1981) que usam uma divisão dos efeitos perturbadores do campo de velocidade em termos provocados pelo movimento randômico das partículas do líquido e devido exclusivamente às bolhas, MARIÉ et al. (1987) fazem um desenvolvimento com base no coeficiente de atrito para incluir o efeito das bolhas. O coeficiente de atrito surge na equação algébrica para a esteira. O escoamento bi-fásico nas sub-camadas viscosa e turbulenta permanecem com o tratamento dado às respectivas sub-camadas na camada limite do escoamento monofásico. Quase dez anos após esse artigo de Marié, ele participa de outra pesquisa que o leva a propor uma nova lei logarítmica para a região da parede em MOURSALI et al. (1995). Esse estudo é diferente do trabalho anterior que somente considerou uma solução analítica para a região da esteira. Além disso, é gerado um conjunto de dados experimentais úteis para evoluções teóricas e que aplicamos nesta obra.

O trabalho de MARIÉ *et al.* (1997) completa os estudos de MOURSALI *et al.* (1995) fornecendo um conjunto de parâmetros e experiências bem montadas para a confrontação com os modelos. Diferentemente do trabalho de NAKORYAKOV *et al.* (1981), que trabalha com picos de fração de vazio maiores que 10%, MARIÉ *et al.* (1997) experimenta com picos de fração de vazio de até 6,8%. Somado a isso, seu aparato experimental *sui generis* trabalha com filme-quente do tipo cônico em uma configuração a modo constante de temperatura (preferencial ao outro modo constante de corrente, que contém regiões que levam à queima do circuito). MARIÉ *et al.* (1997) preferem essa instrumentação ao laser doppler, pois o último é mais delicado com as bolhas milimétricas presentes nas experiências e limitado com o crescimento da fração de vazio. Outro ponto importante em suas escolhas refere-se ao formato do anemômetro de filme-quente do tipo cônico, que é menos sensível às impurezas e mais adequado em face do formato das bolhas próximas à parede. Essa escolha prevaleceu sobre o anemômetro de filme-quente com forma de filamento.

TROSHKO e HASSAN (2001b) tentam validar uma lei da parede bi-fásica utilizando três experiências de NAKORYAKOV *et al.* (1981) com os mais baixos picos de fração de vazio de seus resultados (próximos do limite comentado), porém não apresentam os gráficos comparativos e a velocidade de atrito na parede (definida como $U_w \equiv \sqrt{\tau_w / \rho_l}$, onde $\tau_w$ é a tensão cisalhante na parede e $\rho_l$ é a massa específica do líquido). Apesar de explicitar o parâmetro velocidade de atrito em tabela, tal não está explícito em NAKORYAKOV *et al.* (1981), o que permite a conclusão que sua obtenção depende da formulação das condições de contorno para a energia cinética turbulenta e sua taxa de dissipação por unidade de massa.

Esse parâmetro de velocidade – $U_w$ – é fundamental para a validação dos modelos estudados, sem ele não é possível calcular os novos coeficientes da função logarítmica bi-fásica para predição da velocidade nas vizinhanças da parede. Além disso, sem conhecer as alterações na lei logarítmica, não se obtém as condições de contorno $\kappa$ e $\epsilon$ do modelo diferencial; entretanto, isso pode ser obtido através de um método gráfico que extrai os melhores coeficientes da lei logarítmica via dados experimentais.

TROSHKO e HASSAN (2001b) também utilizam os trabalhos de SATO *et al.* (1981b) e MARIÉ *et al.* (1997), que são os que apresentam explicitamente os parâmetros necessários para validar seu modelo algébrico e diferencial. Além disso, esses experimentos são úteis para justificar a proposta algébrica de FREIRE (2004) e o modelo diferencial de BITENCOURT *et al.* (2008).

Em TROSHKO e HASSAN (2001b), identificamos um erro no expoente usado na fórmula extraída de ISHII e ZUBER (1979) para cálculo da velocidade relativa entre as fases, o que reduz o crédito de sua apresentação. Somado a esse equívoco de transcrição, a constante aditiva da lei da parede divulgada em TROSHKO e HASSAN (2001b) difere da sua exposição em TROSHKO e HASSAN (2001a).

FREIRE (2004) sustenta outro modelo algébrico para a solução da lei da parede bi-fásica. Essa nova teoria tem apoio em outra escolha para as grandezas características do termo viscoso provocado pelas bolhas, o que faz atingir uma função logarítmica diferente de TROSHKO e HASSAN (2001b). A nova formulação gera um corretor da função logarítmica bi-fásica com uma evolução (em relação ao pico de fração de vazio) distinta da proposta de TROSHKO e HASSAN (2001b).

TROSHKO e HASSAN (2001b) sugerem condições de contorno para o modelo $\kappa$ e $\epsilon$ que são exploradas em simulações numéricas em TROSHKO e HASSAN (2001a). Segundo sua apresentação, não foi possível implementar a condição $\epsilon$ no simulador CFX 4.2 em virtude de limitações do programa e, portanto, foi utilizado um coeficiente no cálculo da tensão cisalhante para contrabalancear essa deficiência. Há uma falha estrutural na modelagem dessas condições de contorno que são apreciadas em BITENCOURT *et al.* (2008) e melhor compreendidas neste trabalho.

Uma obra aparentemente muito útil para validação de nosso modelo está em SO *et al.* (2002). É utilizada a moderna técnica de velocimetria laser doppler para medir um escoamento borbulhante turbulento em um canal. Há a preocupação, nesse trabalho, em mostrar que o produto químico usado para refletir o laser não interfere com o fluido e, pode se dizer, se confunde com o mesmo sem alterar as propriedades da estrutura turbulenta, quando em escoamento monofásico. Entretanto, falta um parâmetro fundamental para calcular os modelos expostos em FREIRE (2004) e BITENCOURT *et al.* (2008): o pico de fração de vazio. Em nenhum momento é apresentado o perfil de fração da fase descontínua, impossibilitando o uso das experiências desenvolvidas. Apenas é apresentada a fração de vazio global no canal.

Em SO *et al.* (2002), a experiência bi-fásica em Reynolds 8200 mostra uma redução da turbulência para os casos estudados de fração de vazio. Já em Reynolds 4100 há um acréscimo na turbulência para os escoamentos bi-fásicos comparados com o monofásico. Essa interpretação é extraída de seus gráficos de flutuações longitudinais normalizados pela velocidade global. Nos gráficos com perfil de velocidade média do líquido, verificamos um aumento do gradiente de velocidade nas vizinhanças da parede do canal. Isso, claramente, é atribuído à mudança da estrutura turbulenta provocada pelas bolhas.

## 2.2 Fundamentos Teóricos

Iniciamos esta seção apresentando as equações do modelo de dois-fluidos, uma das possíveis aproximações teóricas aplicada ao entendimento do escoamento bi-fásico. Estudamos o modelo, suas hipóteses e interpretação física. Isso foi feito em diversas etapas, a fim de permitir um entendimento evolutivo. Após isso, deduzimos as equações da turbulência no escoamento monofásico, que servem de apoio para nosso entendimento. Nosso foco é montar a base necessária para alcançar a seção onde deduzimos a lei da parede para o escoamento turbulento com bolhas.

## 2.2.1 O Modelo de Dois-Fluidos

O modelo de dois-fluidos usa um conjunto de equações de balanço para cada fase. Sendo mais específico, vamos ter equações de continuidade, de quantidade de movimento e de energia para descrever cada fase individualmente. Superposto a isso, esses balanços contêm termos que caracterizam a produção e a destruição de fase, pois uma visão generalista deve incluir mudanças de fase.

No escoamento bi-fásico, aplicamos o axioma da continuidade: $\alpha_1 = 1 - \alpha_2$, o que significa de forma simples que o percentual da fase 1 é o percentual total menos o percentual da fase 2. A obra de ISHII e HIBIKI (2006) apresenta de forma completa as abstrações teóricas componentes do modelo. Em sua interpretação da física do problema bi-fásico, o modelo dois-fluidos evolui de uma formulação local e instantânea em escala microscópica. A aplicação da média temporal, a introdução de variáveis macroscópicas e o uso do axioma da continuidade produz o modelo de dois-fluidos (figura 2.2), que inclui a modelagem das forças interfaciais, das alterações na distribuição de fases e das transformações de fase. O desenvolvimento de leis constitutivas revela a estrutura cisalhante e turbulenta, além de operar restrições que levam a simplificação do problema mais geral.

ISHII e HIBIKI (2006) têm uma interpretação particular para local e instantâneo, que é mais restritiva que a explorada nos diversos outros trabalhos citados nesta obra. Na visão desses autores, a formulação local e instantânea usa equações de balanço idênticas ao fenômeno monofásico, porém, mostra-se inútil na perspectiva que conseguimos, em geral, capturar o fenômeno. Nesta obra não usamos sua descrição microscópica e, portanto, optamos por entender que, para o fenômeno promediado no tempo e usuário de variáveis macroscópicas, colocado em equações diferenciais parciais, ainda é válida a terminologia local e instantânea, pois estamos interessados em identificar o escoamento em seus detalhes mínimos, ainda que limitados materialmente pela resolução dos equipamentos disponíveis. Não podemos nos submeter às restrições da instrumentação para rejeitar essa tradicional forma de entender a física em questão.

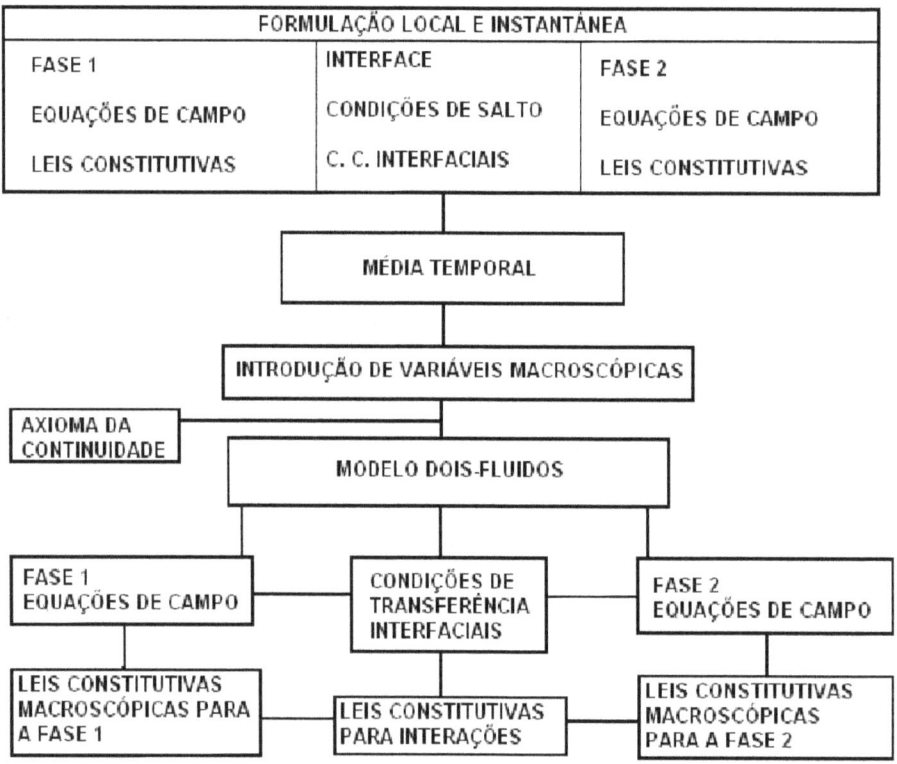

Figura 2.2: Contexto da formulação do modelo dois-fluidos – adaptada de ISHII e HIBIKI, 2006.

Analisamos primeiro o desenvolvimento físico-matemático macroscópico para escoamentos bi-fásicos para, na próxima seção, seguir na direção de uma apresentação turbulenta detalhista. Apresentamos as equações da continuidade e da quantidade de

26

movimento conforme a tradicional descrição euleriana, que é compatível com a forma de medição, cujo método fixa os sensores em uma posição do espaço.

Investigamos em mais detalhes a propriedade fração fásica, $\alpha$. Nas figuras (2.3) e (2.4), vemos as descontinuidades nas dimensões físicas das fases, que, no caso com duas fases, uma fase presente (em uma porção do espaço e em um intervalo de tempo) implica a ausência da outra fase nas dimensões escolhidas.

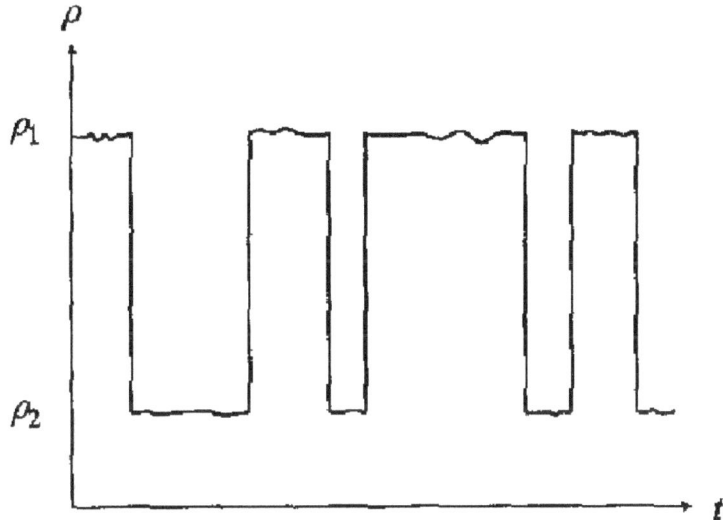

Figura 2.3: Descontinuidade temporal do sistema bi-fásico – extraída de ISHII e HIBIKI, 2006.

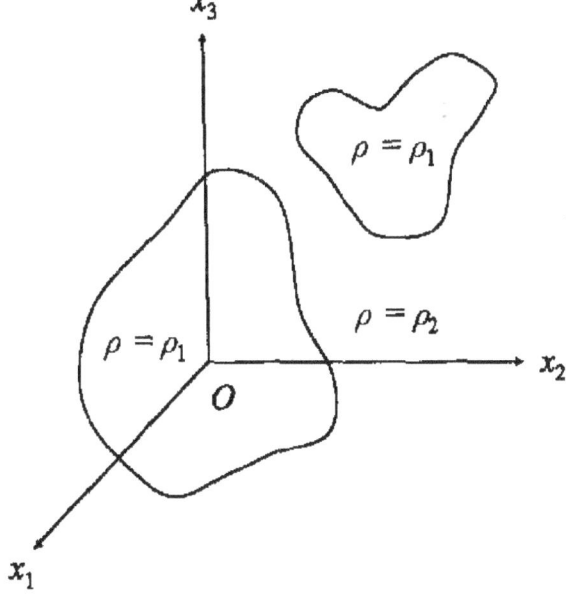

Figura 2.4: Descontinuidade espacial do sistema bi-fásico – extraída de ISHII e HIBIKI, 2006.

Concentrando nossos esforços na promediação temporal euleriana das variáveis do escoamento para atingir o modelo de dois-fluidos, selecionamos a observação da variação de massa específica das fases, $\rho$, na dimensão tempo, onde podem ocorrer quatro situações específicas:

1.      $\rho = \rho_1(t)$ para todo t; sempre ocorre a fase 1 na posição vetorial $\mathbf{x}_0$;
2.      $\rho = \rho_2(t)$ para todo t; sempre ocorre a fase 2 na posição vetorial $\mathbf{x}_0$;
3.      $\rho$ altera entre $\rho_1$ e $\rho_2$; as fases se alternam na posição vetorial $\mathbf{x}_0$;
4.      $\rho$ não é nem $\rho_1$ nem $\rho_2$; interface em $\mathbf{x}_0$ para alguns tempos finitos.

A fim de entender as colocações anteriores e passar para uma visão em escala macroscópica, é requerido um detalhamento maior do gráfico contido na figura (2.3). Isso é feito no gráfico da figura (2.5). Para o tratamento médio das propriedades dos fluidos e das equações de campo, fixamos um intervalo de tempo para aplicar o operador média; esse intervalo denominamos de $\Delta t$. Cada interface j com espessura $\delta$ possui um tempo $2\epsilon_j$ de existência na dimensão em análise. Arbitrando um vetor posição $\mathbf{x}_0$ e um escalar tempo $t_0$ e definindo $t_j$ como os tempos em que as interfaces j passaram na posição $\mathbf{x}_0$ entre os tempos $(t_0 - \Delta t/2)$ e $(t_0 + \Delta t/2)$. Para deduzir as equações de campo macroscópicas, consideramos que a interface é uma superfície singular com espessura $\delta \to 0$ e velocidade $\mathbf{v}_{ni}$, o que implica em:

$$\lim_{\delta \to 0} \epsilon_j = 0 \ para \, \forall_j \ se \, |\mathbf{v}_{ni}| \neq 0$$

O gráfico (2.3) apresenta na ordenada a propriedade $M_1$ do escoamento associada à fase 1. Para obter a fração de uma fase, consideramos o intervalo de tempo ocupado pela fase k e aplicamos o limite anterior. Com isso, chegamos a:

$$\Delta t_1 = \lim_{\delta \to 0} \left\{ \sum_j \left[ \left( t_{j+1} - \epsilon_{j+1} \right) - \left( t_j + \epsilon_j \right) + \delta t_1 \right] \right\}; j = 2m - 1 \qquad (2.11)$$

$$\Delta t_2 = \lim_{\delta \to 0} \left\{ \sum_j \left[ \left( t_{j+1} - \epsilon_{j+1} \right) - \left( t_j + \epsilon_j \right) + \delta t_2 \right] \right\}; j = 2m \qquad (2.12)$$

Temos, então:

$$\Delta t = \Delta t_1 + \Delta t_2 \qquad (2.13)$$

A fração de uma fase k, onde k=1,2, é:

$$\alpha_k = \frac{\Delta t_k}{\Delta t} \qquad (2.14)$$

Essas definições iniciais são necessárias para o entendimento detalhado do modelo de dois-fluidos. Podemos caminhar a partir deste ponto para a explicitação das equações de campo do modelo.

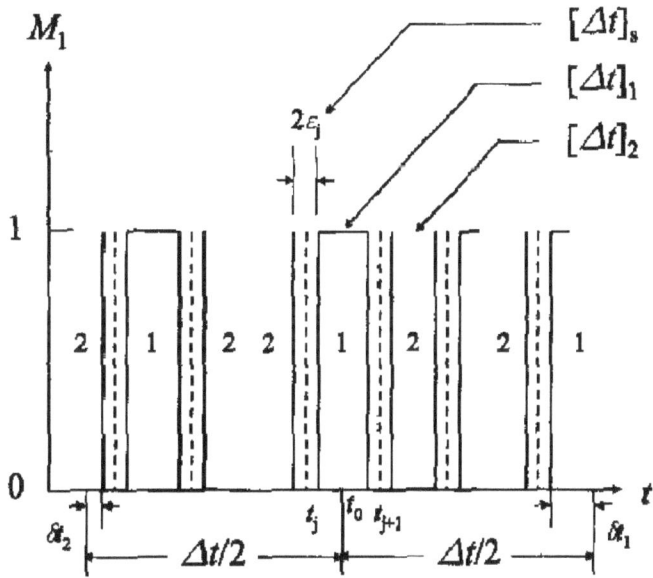

Figura 2.5: Gráfico para análise temporal do escoamento bi-fásico – extraída de ISHII e HIBIKI, 2006.

Em primeiro lugar, na apresentação das equações governantes, devemos aceitar a mesma hipótese do contínuo que apóia a abordagem via equações de Navier-Stokes para a resolução de escoamentos monofásicos. Nossa formulação local e instantânea deve considerar tal, a fim de permitir que as derivadas parciais de nossas equações sejam possíveis. Então, podemos iniciar mostrando os balanços que regem o fenômeno.

As equações da continuidade para um escoamento bi-fásico são (vetores em negrito):

$$\frac{\partial \alpha_k \overline{\overline{\rho_k}}}{\partial t} + \nabla \cdot (\alpha_k \bar{\bar{\rho}}_k \widehat{v_k}) = \Gamma_k \qquad (2.15)$$

$$\sum_{k=1}^{2} \Gamma_k = 0 \qquad (2.16)$$

Observe que o subscrito $k$ indica a fase, $\Gamma_k$ é a taxa de produção de massa para a respectiva fase, $\alpha$ é a fração da fase, $\overline{\cdot}$ é o operador média fásica ($= \overline{\overline{\cdot}} / \alpha$), $\rho$ é a massa específica, $\mathbf{v}$ é a velocidade e $\hat{\cdot}$ é um operador média ponderada pela massa específica da fase colhida simultaneamente com a propriedade mediada ($= \overline{\rho_k \cdot} / \overline{\rho_k}$) segundo as informações contidas na obra de ISHII e HIBIKI (2006). Denominamos esse operador baricêntrico. Esse operador corresponde à média de uma propriedade; mais especificamente, média temporal ponderada com os valores de massa específica da fase $k$ capturados no tempo $\Delta t$. Se a massa específica da fase é constante, esse operador pode ser substituído pela média temporal simples, pois $\overline{\rho_k \cdot} / \overline{\rho_k} = \overline{\rho_k} \cdot \overline{\cdot} / \overline{\rho_k} = \overline{\cdot}$ .

Fica claro com o uso dos novos operadores média fásica e média baricêntrica a rigorosa preocupação de ISHII e HIBIKI (2006) em explorar um modelo de dois contínuos originado das fórmulas em escala microscópica. A fração fásica somente pode aparecer nos termos em que usamos uma média fásica para uma propriedade do respectivo termo, pois nele, implicitamente, encontra-se o inverso da fração fásica, que se cancela no caso de regresso para o estudo microscópico do fenômeno de transporte. Esse esclarecimento pode ser obtido observando as equações macroscópicas em contraste com as equações microscópicas. A fração fásica pode ser expressa como um campo de frações fásicas com contribuições ortogonalmente expostas nas três dimensões espaciais. Note que pode ser usado um operador média temporal para a fração fásica, mas não o adotamos, a fim de seguir a notação original. O operador média baricêntrica surge para imprimir realidade aos campos de velocidade e às forças de campo (como veremos mais a frente), considerando fluidos compressíveis. É fundamental existir suavidade nas médias obtidas para a possibilidade de obter as derivadas necessárias, caso contrário, o modelo degenera em sua capacidade de prever a hidrodinâmica das fases. Lembramos que nosso estudo adiabático não fará considerações sobre a energia. A massa específica trabalhada não varia com a temperatura e, portanto, o balanço de quantidade de movimento está desacoplado da equação de conservação de energia que define a primeira lei da termodinâmica.

A equação (2.16) representa a condição interfacial de transferência de massa: o que uma fase ganha necessariamente a outra fase perde. Note que, nos escoamentos sem mudança de fase, $\Gamma_k$ é zero, o que não vale quando temos trocas de matéria na interface. Podemos administrar a seguinte fórmula para $\Gamma_k$:

$$\Gamma_k = -\sum_j \frac{1}{\Delta t} \frac{1}{v_{ni}} \mathbf{n}_k \cdot \rho_k (\mathbf{v}_k - \mathbf{v}_i) = -\sum_j a_{ij} \dot{m}_k \qquad (2.17)$$

30

A equação (2.17) vem da formulação microscópica, onde as interfaces são vistas individualmente e, portanto, não existe o somatório. Aqui aparecem alguns termos ainda não identificados. A fórmula contém um somatório em j, onde j representa a j-ésima interface. O parâmetro $\alpha_{ij}$ significa a concentração de área interfacial na fronteira j (ISHII e HIBIKI, 2006) e sua dimensão é o inverso de um comprimento. O vetor unitário $\mathbf{n}_k$ é normal à interface j e aponta para fora da fase k, logo $\mathbf{n_1} = -\mathbf{n_2}$. O índice $\mathbf{i}$ refere-se à interface, $\frac{1}{\Delta t}$ é o intervalo de tempo de observação das propriedades e $\left(\frac{1}{v_{ni}}\right)_j$ é o inverso da velocidade da interface j e, finalmente, $\dot{m}_k$ é a taxa de transferência de massa por unidade de tempo e de área, que representa a perda de massa pela área da interface j.

Continuando a apresentar as equações de conservação para a parte hidrodinâmica, iniciamos a formulação para a conservação de quantidade de movimento que se apresenta com uma condição de transferência de quantidade de movimento interfacial. Cada fase tem seu balanço expresso utilizando uma velocidade baricêntrica própria. Avante há a apresentação das equações pertinentes.

$$\frac{\partial \alpha_k \overline{\overline{\rho_k}} \widehat{v_k}}{\partial t} + \nabla.(\alpha_k \overline{\overline{\rho_k}} \widehat{v_k} \widehat{v_k}) = -\nabla(\alpha_k \overline{\overline{p_k}}) + \nabla.\left[\alpha_k\left(\overline{\overline{T_k}} + T_k^T\right) + \alpha_k \overline{\overline{\rho_k}} \widehat{g_k} + \mathrm{M}_k\right] \qquad (2.18)$$

$$\sum_{k=1}^{2} \mathrm{M}_k = \mathrm{M}_m \qquad (2.19)$$

$$\mathrm{M}_m = 2\overline{\overline{H_{21}}}\overline{\overline{\sigma}}\nabla\alpha_2 + \mathrm{M}_m^H \qquad (2.20)$$

Na equação (2.18), existe, no lado esquerdo, o somatório de uma aceleração local mais um termo advectivo. Há, no lado direito, a adição de um termo que engloba as forças normais (operando com a pressão $\overline{\overline{p}}$), um outro que envolve as forças de cisalhamento viscosas (que usa o tensor $\overline{\overline{T}}$) e turbulentas (que contém o tensor $T^T$), um que contém as forças de campo (termo que utiliza $\mathbf{g}$) e, finalmente, um termo fonte, que descreve a criação de quantidade de movimento em função das transferências entre as interfaces móveis ($\mathrm{M}_k$). Esse último termo tem seu detalhamento na equação (2.19), cuja descrição contempla a necessidade de definir $\mathrm{M}_m$ (fonte de quantidade de movimento da mistura devido ao efeito de tensão superficial) no balanço (2.20), que usa $\overline{\overline{H_{21}}}$ (curvatura média que é maior que 0, se a fase 2 é a fase dispersa), $\sigma$ (tensão superficial), $\alpha_2$ (fração da fase 2) e $M_m^H$ (força originada das mudanças na fase média).

O segredo da passagem da microscopia para a macroscopia é desvendado com a apresentação do mapeamento entre as variáveis abaixo, o que revela a integração dos operadores matemáticos; fato não óbvio na apresentação de ISHII e HIBIKI (2006) nem nos trabalhos que buscam trazer respostas para essa formulação (DREW e LAHEY JR, 1979):

Passo 1: Escolher um termo macroscópico com operadores média fásica e média baricêntrica e abri-lo com a significação dos operadores.

$$\alpha_k \overline{\overline{\rho_k}} \widehat{g_k} = \alpha_k \frac{\overline{\rho_k}}{\alpha_k} \frac{\overline{\rho_k g_k}}{\overline{\rho_k}} \tag{2.21}$$

Passo 2: Cancelar os termos possíveis para regressar para a microscopia. Observe o cancelamento das frações de vazio, assim como das massas específicas.

$$\overline{\rho_k g_k} \tag{2.22}$$

Passo 3: A simples remoção da média temporal reduz o termo para o seu correspondente microscópico (ISHII e HIBIKI, 2006).

Retornando para a equação (2.19), ela mostra que, na troca interfacial de quantidade de movimento, há um balanço entre as fases e a fronteira móvel entre elas. É esperado que uma deformação da fronteira despenda quantidade de movimento, portanto, é válido apresentar uma formulação representativa incluída no balanço da quantidade de movimento das fases. Segundo ISHII e HIBIKI (2006), $M_k$ pode ser expresso como a fórmula (2.23) e com a ajuda das equações (2.24), (2.25), (2.26) e (2.27), que leva à outra apresentação vetorial para o modelo de dois-fluidos em (2.28).

$$M_k = M_k^\Gamma + M_k^n + M_k^t + \overline{\overline{p_{ki}}} \nabla \alpha_k - \nabla \alpha_k . \overline{\overline{T_{ki}}} \tag{2.23}$$

onde:

$$M_k^\Gamma = \Gamma_k \widehat{v_{k\imath}} \tag{2.24}$$

$$M_k^n \doteq \sum_j a_{ij} (\overline{\overline{p_{k\imath}}} - p_k) n_k \tag{2.25}$$

$$M_k^t \doteq \sum_j a_{ij} n_k . (T_k - \overline{\overline{T_{k\imath}}}) \tag{2.26}$$

Na fórmula (2.23), $M_k^\Gamma$ representa a quantidade de movimento interfacial provocada pela mudança de fase e é semelhante ao termo produtor de massa específica da equação da continuidade (2.15). Ainda em (2.23), $M_k^n$ é a quantidade de movimento produzida pelas forças normais à fronteira, $M_k^t$ refere-se à quantidade de movimento interfacial pelas forças tangenciais, $\overline{\overline{p_{k\imath}}} \nabla \alpha_k$ contabiliza o efeito da mudança de distribuição de fase na direção normal à fronteira e $\nabla \alpha_k . \overline{\overline{T_{k\imath}}}$ envolve o efeito da mudança de distribuição de fase na direção tangencial à fronteira. Podemos dizer que esse arcabouço teórico totaliza todos os efeitos possíveis na região de separação entre as fases e traz à tona um problema de complexidade elevada. A equação (2.23) é uma alternativa para a elucidação do fenômeno interfacial contida em (2.19) e (2.20).

Complementando informações sobre as variáveis utilizadas, o tensor $\overline{\overline{T_{k\imath}}}$ contém as componentes de tensão cisalhante na fronteira do lado da fase k. Essas componentes estão sob a média baricêntrica comentada anteriormente. Na equação (2.27), $\left(\frac{1}{v_{n\imath}}\right)_j$ é o inverso da velocidade normal à interface j.

Finalmente, o balanço de quantidade de movimento com o termo interfacial remodelado fica:

$$\frac{\partial(\alpha_k \overline{\overline{\rho_k}} \widehat{v_k})}{\partial t} + \nabla.(\alpha_k \overline{\overline{\rho_k}} \widehat{v_k} \widehat{v_k}) = -\nabla(\alpha_k \overline{\overline{p_k}}) + \nabla.\left[\alpha_k (\overline{\overline{T_k}} + T_k^T)\right] + \alpha_k \overline{\overline{\rho_k}} \widehat{g_k} + M_k^\Gamma + M_{ik} +$$
$$\overline{\overline{p_{k\imath}}} \nabla \alpha_k - \nabla \alpha_k . \overline{\overline{T_{k\imath}}} \tag{2.28}$$

onde:

$$M_{ik} = M_k^n + M_k^t \tag{2.29}$$

Em coordenadas cartesianas, abrimos (2.28) nas três coordenadas em (2.30), (2.31) e (2.32). Observe que, nesses balanços, o termo com o fator $(\overline{\overline{p_{k\imath}}} - \overline{\overline{p_k}})$ surge com a aplicação da regra da cadeia no primeiro termo do lado direito da equação (2.28). Já o termo $(\widehat{v_{xkı}} - \widehat{v_{xk}})\Gamma_k$ aparece com a combinação da regra da cadeia em (2.28) nos dois termos do lado esquerdo e, a seguir, com a aplicação da equação da continuidade.

Na direção x:

$$\alpha_k \overline{\overline{\rho_k}} \left( \frac{\partial \widehat{V_{zk}}}{\partial t} + \widehat{v_{xk}} \frac{\partial \widehat{V_{zk}}}{\partial x} + \widehat{v_{yk}} \frac{\partial \widehat{V_{zk}}}{\partial y} + \widehat{v_{zk}} \frac{\partial \widehat{V_{xk}}}{\partial z} \right) = -\alpha_k \frac{\partial \overline{\overline{p_k}}}{\partial x} + \alpha_k \overline{\overline{\rho_k}} \widehat{g_{xk}} + \left[ \frac{\partial}{\partial x} \alpha_k (\overline{\overline{\tau_{xxk}}} + \right.$$

$$\left. \tau_{xxk}^T) + \frac{\partial}{\partial y} \alpha_k (\overline{\overline{\tau_{yxk}}} + \tau_{yxk}^T) + \frac{\partial}{\partial z} \alpha_k (\overline{\overline{\tau_{zxk}}} + \tau_{zxk}^T) \right] + (\widehat{v_{xkı}} - \widehat{v_{xk}})\Gamma_k + M_{ixk} +$$

$$(\overline{\overline{p_{kı}}} - \overline{\overline{p_k}}) \frac{\partial \alpha_k}{\partial x} - (\frac{\partial \alpha_k}{\partial x} \overline{\overline{\tau_{xxkı}}} + \frac{\partial \alpha_k}{\partial y} \overline{\overline{\tau_{yxkı}}} + \frac{\partial \alpha_k}{\partial z} \overline{\overline{\tau_{zxkı}}}) \tag{2.30}$$

Na direção y:

$$\alpha_k \overline{\overline{\rho_k}} \left( \frac{\partial \widehat{V_{yk}}}{\partial t} + \widehat{v_{xk}} \frac{\partial \widehat{V_{yk}}}{\partial x} + \widehat{v_{yk}} \frac{\partial \widehat{V_{yk}}}{\partial y} + \widehat{v_{zk}} \frac{\partial \widehat{V_{yk}}}{\partial z} \right) = -\alpha_k \frac{\partial \overline{\overline{p_k}}}{\partial y} + \alpha_k \overline{\overline{\rho_k}} \widehat{g_{yk}} + \left[ \frac{\partial}{\partial x} \alpha_k (\overline{\overline{\tau_{xyk}}} + \right.$$

$$\left. \tau_{xyk}^T) + \frac{\partial}{\partial y} \alpha_k (\overline{\overline{\tau_{yyk}}} + \tau_{yyk}^T) + \frac{\partial}{\partial z} \alpha_k (\overline{\overline{\tau_{zyk}}} + \tau_{zyk}^T) \right] + (\widehat{v_{ykı}} - \widehat{v_{yk}})\Gamma_k + M_{iyk} +$$

$$(\overline{\overline{p_{kı}}} - \overline{\overline{p_k}}) \frac{\partial \alpha_k}{\partial y} - (\frac{\partial \alpha_k}{\partial x} \overline{\overline{\tau_{xykı}}} + \frac{\partial \alpha_k}{\partial y} \overline{\overline{\tau_{yykı}}} + \frac{\partial \alpha_k}{\partial z} \overline{\overline{\tau_{zykı}}}) \tag{2.31}$$

Na direção z:

$$\alpha_k \overline{\overline{\rho_k}} \left( \frac{\partial \widehat{V_{zk}}}{\partial t} + \widehat{v_{xk}} \frac{\partial \widehat{V_{zk}}}{\partial x} + \widehat{v_{yk}} \frac{\partial \widehat{V_{zk}}}{\partial y} + \widehat{v_{zk}} \frac{\partial \widehat{V_{zk}}}{\partial z} \right) = -\alpha_k \frac{\partial \overline{\overline{p_k}}}{\partial z} + \alpha_k \overline{\overline{\rho_k}} \widehat{g_{zk}} + \left[ \frac{\partial}{\partial x} \alpha_k (\overline{\overline{\tau_{xzk}}} + \right.$$

$$\left. \tau_{xzk}^T) + \frac{\partial}{\partial y} \alpha_k (\overline{\overline{\tau_{yzk}}} + \tau_{yzk}^T) + \frac{\partial}{\partial z} \alpha_k (\overline{\overline{\tau_{zzk}}} + \tau_{zzk}^T) \right] + (\widehat{v_{zkı}} - \widehat{v_{zk}})\Gamma_k + M_{izk} +$$

$$(\overline{\overline{p_{kı}}} - \overline{\overline{p_k}}) \frac{\partial \alpha_k}{\partial z} - (\frac{\partial \alpha_k}{\partial x} \overline{\overline{\tau_{xzkı}}} + \frac{\partial \alpha_k}{\partial y} \overline{\overline{\tau_{yzkı}}} + \frac{\partial \alpha_k}{\partial z} \overline{\overline{\tau_{zzkı}}}) \tag{2.32}$$

Abrimos os diversos tensores presentes nas equações anteriores. Para a correta elucidação, apresentamos os tensores que serão desenvolvidos, de acordo com a necessidade, na próxima seção.

Tensor com os efeitos viscosos:

$$\overline{\overline{T_k}} = \begin{bmatrix} \tau_{xxk} & \tau_{yxk} & \tau_{zxk} \\ \tau_{xyk} & \tau_{yyk} & \tau_{zyk} \\ \tau_{xzk} & \tau_{yzk} & \tau_{zzk} \end{bmatrix} \tag{2.33}$$

Tensor com os efeitos turbulentos:

$$\overline{\overline{T_k^T}} = \begin{bmatrix} \tau_{xxk}^T & \tau_{yxk}^T & \tau_{zxk}^T \\ \tau_{xyk}^T & \tau_{yyk}^T & \tau_{zyk}^T \\ \tau_{xzk}^T & \tau_{yzk}^T & \tau_{zzk}^T \end{bmatrix} \qquad (2.34)$$

Tensor com os efeitos cisalhantes interfaciais:

$$\overline{\overline{T_{ki}}} = \begin{bmatrix} \tau_{xxki} & \tau_{yxki} & \tau_{zxki} \\ \tau_{xyki} & \tau_{yyki} & \tau_{zyki} \\ \tau_{xzki} & \tau_{yzki} & \tau_{zzki} \end{bmatrix} \qquad (2.35)$$

Somente esses balanços, até aqui expostos, não resolvem o escoamento, pois existem mais variáveis que equações. As próximas dificuldades, no estudo do sistema bi-fásico, remete o teórico para o desenvolvimento de relações constitutivas próprias para os casos particulares estudados (com hipóteses que não percam a visualização mínima do sistema) e leva o experimentalista a escolher técnicas de instrumentação necessárias para capturar as mínimas nuances do fenômeno. É claro que todos esses itens são inter-relacionados. Um conjunto de equações constitutivas que simplificam em demasiado o problema pode facilitar, requisitando até uma instrumentação mais simples, entretanto, pode perder a granularidade razoável para uma correta predição das propriedades mecânicas em análise. A generalização contida no modelo dois-fluidos é mais complexa e precisa de mais equações de balanço que a proposta pelo modelo de mistura ou de desvio de fluxo (ISHII e HIBIKI, 2006). Sua vantagem é que permite não apagar detalhes da fenomenologia, o que leva a uma visão mais próxima do que realmente ocorre no escoamento. Lembramos que os modelos propõem identificar uma regularidade fenomênica e, portanto, a busca da melhor parametrização para as condições do problema faz parte de nosso trabalho.

É notável, em nossa trajetória, a relevância do entendimento da formulação do contínuo para a correta execução dos testes experimentais. Um equívoco, por exemplo, no entendimento da promediação aplicada ao modelo dois-fluidos, ocasiona diferenças nos sinais coletados e na definição da instrumentação apropriada, que possibilita gerar conjuntos de resultados com pouco ou nenhum valor prático. Sublinhamos a alta dependência da qualidade do trabalho experimental para a realização da validação dos modelos.

Aprofundando nosso raciocínio, imaginamos que o processamento de sinais para o arcabouço sustentado por ISHII e HIBIKI (2006) torna-se ilógico, quando capturamos para fluidos compressíveis médias temporais eulerianas simples dos campos de velocidade. Verifique que as variações de massa específica ocasionam cálculos de quantidade de movimento diferentes, o que sugere a utilização de uma média baricêntrica. A estrutura local do escoamento é perdida sem a sutileza desses detalhes. Imagine um intervalo de tempo $\Delta t$, onde obtemos uma amostra com valores de uma velocidade $V$ igual a 1 m/s e igual a 2 m/s, dividindo esse intervalo em dois outros. Se promediarmos com uma média temporal simples, alcançamos uma velocidade de 1,5 m/s. Mas, agora, imagine uma flutuação da massa específica que passou de 1 $kg/m^3$ para 2 $kg/m^3$ na mudança de sub-intervalo de tempo. A média baricêntrica calculada é $(1 \times 1 + 2 \times 2)/(3/2) = 5/1,5 \cong 3,3\ m/s$. Os valores são muito diferentes e traduz a interpretação escolhida pelo experimentalista com base em seu conhecimento teórico. Em resumo, um experimentalista razoável toma as medidas necessárias para a sua plena formação profissional. O avanço da ciência dos fluidos, que abarca a engenharia de petróleo, depende de empreendimentos com o correto respaldo técnico-científico. Uma má escolha representa perdas econômicas e desvios graves dos objetivos de um projeto de ciência e tecnologia.

## 2.2.2   Hipóteses e Condições do Problema

O conjunto teórico hidrodinâmico, exposto na seção anterior, serve de sustentação para a exposição das equações governantes com as hipóteses e as condições para o escoamento bi-fásico com bolhas próximas à parede. Fixamos o sistema cartesiano bidimensional de tal forma que o eixo x acompanha a direção vertical ao fluxo e o eixo y está disposto horizontalmente. Com o uso de frações de vazio baixas (com picos de até aproximadamente 15%), não precisamos montar as equações para a fase dispersa, porém, seus efeitos serão contados na modelagem da fase líquida.

Primeiramente, analisamos a conservação de massa, equação (2.15). Para a modelagem foco dessa obra não precisamos do termo transiente $\left(\frac{\partial .}{\partial t}\right)$, pois o escoamento é permanente. Também, não é necessário $\Gamma_k$, já que consideramos ausente qualquer transferência de massa entre a interface líquido-gás. Então, a equação da continuidade é (2.36):

$$\nabla.(\alpha_l \overline{\overline{\rho_l}} \widehat{v_l}) = 0 \qquad (2.36)$$

onde o subscrito $l$ representa a fase líquida.

O operador média baricêntrica aplicado ao vetor velocidade não é mais necessário, porque trabalhamos com fluido líquido incompressível. Com isso, $\widehat{v_l} = \overline{v_l}$ e a massa específica pode ser removida do operador divergente, podendo ser cancelada, pois o lado direito é nulo. Temos, então:

$$\nabla.(\alpha_l \overline{v_l}) = 0 \qquad (2.37)$$

A equação anterior pode ser aberta em:

$$\alpha_l \overline{\frac{\partial v_{xl}}{\partial x}} + \overline{v_{xl}} \frac{\partial \alpha_l}{\partial x} + \alpha_l \overline{\frac{\partial v_{yl}}{\partial y}} + \overline{v_{yl}} \frac{\partial \alpha_l}{\partial y} = 0 \qquad (2.38)$$

Avançando, a distribuição transversal de fração de vazio, observada experimentalmente (SATO *et al.*, 1981b), mantém-se invariável na dimensão longitudinal, assim como o perfil de velocidade nessa dimensão. Logo, podemos concluir que o escoamento é plenamente desenvolvido ($\frac{\partial \alpha_l}{\partial x} = 0$ e $\overline{\frac{\partial v_{xl}}{\partial x}} = 0$). Temos, agora:

$$\alpha_l \overline{\frac{\partial v_{yl}}{\partial y}} + \overline{v_{yl}} \frac{\partial \alpha_l}{\partial y} = 0 \qquad (2.39)$$

Esse novo balanço significa que efeitos de compressão e de expansão na fase líquida ocorrem em função da taxa de acréscimo/decréscimo da velocidade do líquido na direção transversal e da taxa de decréscimo/acréscimo da fração cheia na mesma direção. Observe que se a taxa de um cresce a outra decresce e vice-versa. Porém, não vamos ficar com essa formulação, pois a velocidade transversal média é zero no fenômeno abordado, onde não temos inclinação do anteparo e o eixo x fica paralelo ao mesmo, o que leva a:

$$\overline{\frac{\partial v_{yl}}{\partial y}} = 0 \qquad (2.40)$$

Voltamos nossa atenção para a conservação de quantidade de movimento. Trabalhando com o balanço (2.18), fazemos algumas afirmações. A análise bidimensional leva a usar as dimensões longitudinal (x) e transversal (y) do escoamento. O escoamento permanente permite remover o termo transiente. O escoamento completamente estabelecido tolera a retirada de termos de velocidade e de fração cheia com gradiente em x. A velocidade média transversal é nula, possuindo somente partes flutuantes, que não aparecem ainda em nosso arcabouço teórico. Portanto, chegamos a (em coordenadas cartesianas):

Na direção x:

$$
\alpha_l \bar{\bar{\rho}}_l \left(
\overbrace{\frac{\partial \widehat{V_{xl}}}{\partial t}}^{=0(esc.permanente)}
+ \overbrace{\widehat{V_{xl}} \frac{\partial \widehat{V_{xl}}}{\partial x}}^{=0(esc.plen.desenvolvido)}
+ \overbrace{\widehat{V_{yl}} \frac{\partial \widehat{V_{xl}}}{\partial y}}^{=0(\widehat{V_{yl}}=0)} +
\right.
$$

$$
\left. \overbrace{\widehat{V_{zl}} \frac{\partial \widehat{V_{xl}}}{\partial z}}^{=0(esc.bidimensional)} \right)
= -\alpha_l \frac{\partial \bar{\bar{p}}_l}{\partial x} + \alpha_l \bar{\bar{\rho}}_l \widehat{g_{xl}} + \left[ \frac{\partial}{\partial x} \alpha_l (\overline{\overline{\tau_{xxl}}} + \tau_{xxl}^T) + \frac{\partial}{\partial y} \alpha_l (\overline{\overline{\tau_{yxl}}} + \tau_{yxl}^T) + \right.
$$

$$
\left. \overbrace{\frac{\partial}{\partial z} \alpha_l (\overline{\overline{\tau_{zxl}}} + \tau_{zxl}^T)}^{=0(esc.bidimensional)} \right] + (\widehat{V_{xll}} - \widehat{V_{xl}})\Gamma_l + M_{ixl} + \overbrace{(\overline{\overline{p_{ll}}} - \bar{\bar{p}}_l)\frac{\partial \alpha_l}{\partial x}}^{=0(esc.plen.desenvolvido)} -
$$

$$
\left(
\overbrace{\frac{\partial \alpha_l}{\partial x} \overline{\overline{\tau_{xxll}}}}^{=0(esc.plen.desenvolvido)}
+ \frac{\partial \alpha_l}{\partial y} \overline{\overline{\tau_{yxll}}} +
\overbrace{\frac{\partial \alpha_k}{\partial z} \overline{\overline{\tau_{zxll}}}}^{=0(esc.bidimensional)}
\right) \tag{2.41}
$$

Na direção y:

$$\alpha_l \bar{\bar{\rho}}_l \left( \overbrace{\frac{\partial \widehat{V_{yl}}}{\partial t}}^{=0(esc.permanente)} + \overbrace{\widehat{V_{xl}}\frac{\partial \widehat{V_{yl}}}{\partial x}}^{=0(esc.plen.desenvolvido)} + \overbrace{\widehat{V_{yl}}\frac{\partial \widehat{V_{yl}}}{\partial y}}^{=0(\widehat{V_{yl}}=0)} + \right.$$

$$\left. \overbrace{\widehat{V_{zl}}\frac{\partial \widehat{V_{yl}}}{\partial z}}^{=0(esc.bidimensional)} \right) = -\alpha_l \frac{\partial \bar{\bar{p}}_l}{\partial y} + \alpha_l \bar{\bar{\rho}}_l \widehat{g_{yl}} + \left[ \frac{\partial}{\partial x}\alpha_l\left(\overline{\overline{\tau_{xyl}}} + \tau_{xyl}^T\right) + \frac{\partial}{\partial y}\alpha_l\left(\overline{\overline{\tau_{yyl}}} + \right.\right.$$

$$\left.\left. \tau_{yyl}^T\right) + \overbrace{\frac{\partial}{\partial z}\alpha_l\left(\overline{\overline{\tau_{zyl}}} + \tau_{zyl}^T\right)}^{=0(esc.bidimensional)} \right] + \left(\widehat{v_{yli}} - \widehat{v_{yl}}\right)\Gamma_l + M_{iyl} + \overbrace{\left(\overline{\overline{p_{li}}} - \bar{\bar{p}}_l\right)\frac{\partial \alpha_l}{\partial y}}^{=0(esc.plen.desenvolvido)} -$$

$$\left( \overbrace{\frac{\partial \alpha_l}{\partial x}\overline{\overline{\tau_{xyli}}}}^{=0(esc.plen.desenvolvido)} + \frac{\partial \alpha_l}{\partial y}\overline{\overline{\tau_{yyli}}} + \overbrace{\frac{\partial \alpha_l}{\partial z}\overline{\overline{\tau_{zyli}}}}^{=0(esc.bidimensional)} \right) \quad (2.42)$$

Continuando nosso raciocínio, podemos trazer novas hipóteses e condições para o nosso sistema bi-fásico. Consideramos que não há transferência de massa nas fronteiras entre as fases, logo $\Gamma_l = 0$. O único fenômeno presente em relação às forças de campo é a gravidade, então $\widehat{g_{xl}} = \hat{g}$ e $\widehat{g_{yl}} = 0$. Como o fluido é incompressível, o operador baricêntrico pode ser substituído por uma média temporal. No caso da gravidade, $\bar{g} = g$. Também, a perda de carga ocorre longitudinalmente, portanto $\frac{\partial \bar{\bar{p}}_l}{\partial y} = 0$. Os termos interfaciais são cancelados, pois modelamos os efeitos das bolhas como um elemento adicional do tensor turbulento. Por essa razão, as forças por volume modeladas para a interface nas equações (2.23) a (2.26) e (2.29) são removidas.

Na direção x:

$$0 = -\alpha_l \frac{\partial \bar{\bar{p}}_l}{\partial x} + \overbrace{\alpha_l \bar{\bar{\rho}}_l \widehat{g_{xl}}}^{=\alpha_l \bar{\bar{\rho}}_l g} + \left[\frac{\partial}{\partial x}\alpha_l\left(\overline{\overline{\tau_{xxl}}} + \tau_{xxl}^T\right) + \frac{\partial}{\partial y}\alpha_l\left(\overline{\overline{\tau_{yxl}}} + \tau_{yxl}^T\right)\right] + (\widehat{v_{xli}} - $$

$$\widehat{v_{xl}})\overbrace{\Gamma_l}^{=0} + \overbrace{M_{ixl}}^{=0} - \left(\overbrace{\frac{\partial \alpha_l}{\partial y}\overline{\overline{\tau_{yxli}}}}^{=0}\right)$$

$$(2.43)$$

Na direção y:

$$0 = \overbrace{-\alpha_l \frac{\partial \overline{\overline{p_l}}}{\partial y}}^{=0} + \overbrace{\alpha_l \overline{\overline{\rho_l}} \widehat{g_{yl}}}^{=0} + \left[ \frac{\partial}{\partial x} \alpha_l (\overline{\overline{\tau_{xyl}}} + \tau_{xyl}^T) + \frac{\partial}{\partial y} \alpha_l (\overline{\overline{\tau_{yyl}}} + \tau_{yyl}^T) \right] + (\widehat{v_{yl_l}} -$$

$$\widehat{v_{yl}}) \overbrace{\widetilde{\Gamma_l}}^{=0} + \overbrace{\widetilde{M_{iyl}}}^{=0} + \overbrace{(\widetilde{\overline{\overline{p_{l_l}}}} - \overline{\overline{p_l}})}^{=0} \frac{\partial \alpha_l}{\partial y} - \left( \overbrace{\frac{\partial \alpha_l}{\partial y} \overline{\overline{\tau_{yyl_l}}}}^{=0} \right) \tag{2.44}$$

Precisamos modelar as forças cisalhantes devido à viscosidade e à turbulência do fluido. Com a redução do estudo ao caso bidimensional, tratamos com um fluido newtoniano incompressível (que tem resposta reológica imediata às forças tangenciais) e aplicamos a conservação de quantidade movimento angular. Chegamos a:

Tensor com os efeitos viscosos:

$$\overline{\overline{T_l}} = \begin{bmatrix} \tau_{xxk} & \tau_{yxk} \\ \tau_{xyk} & \tau_{yyk} \end{bmatrix} = \begin{bmatrix} 0 & \overline{\overline{\mu_l}} \frac{\partial \widehat{v_{xl}}}{\partial y} \\ \overline{\overline{\mu_l}} \frac{\partial \widehat{v_{xl}}}{\partial y} & 0 \end{bmatrix} = \begin{bmatrix} 0 & \overline{\overline{\mu_l}} \frac{\partial \overline{v_{xl}}}{\partial y} \\ \overline{\overline{\mu_l}} \frac{\partial \overline{v_{xl}}}{\partial y} & 0 \end{bmatrix} \tag{2.45}$$

Tensor com os efeitos turbulentos (extraído de SATO e SEKOGUCHI, 1975, e adaptado para o modelo dois-fluidos):

$$\overline{\overline{T_l^T}} = \begin{bmatrix} \tau_{xxk}^T & \tau_{yxk}^T \\ \tau_{xyk}^T & \tau_{yyk}^T \end{bmatrix} = \begin{bmatrix} -\overline{\overline{\rho_l}} \overline{(v_{xl}'^2 + v_{xl}''^2)} & -\overline{\overline{\rho_l}} \overline{(v_{xl}' v_{yl}' + v_{xl}'' v_{yl}'')} \\ -\overline{\overline{\rho_l}} \overline{(v_{xl}' v_{yl}' + v_{xl}'' v_{yl}'')} & -\overline{\overline{\rho_l}} \overline{(v_{yl}'^2 + v_{yl}''^2)} \end{bmatrix} \tag{2.46}$$

Conhecendo os componentes dos tensores, podemos, finalmente, chegar às seguintes equações de movimento, considerando $\overline{\overline{\mu_l}}$, a viscosidade do líquido sob média físca constante na região de interesse (piso turbulento):

Na direção x:

$$0 = -\alpha_l \frac{\partial \overline{\overline{p_l}}}{\partial x} + \alpha_l \overline{\overline{\rho_l}} g - \frac{\partial}{\partial x} \alpha_l \overline{\overline{\rho_l}} \overline{v_{xl}'^2 + v_{xl}''^2} + \left[ \frac{\partial}{\partial y} \alpha_l \left( \overline{\overline{\mu_l}} \frac{\partial \overline{v_{xl}}}{\partial y} - \overline{\overline{\rho_l}} \overline{(v_{xl}' v_{yl}' + v_{xl}'' v_{yl}'')} \right) \right]$$

$$= -\alpha_l \frac{\partial \overline{\overline{p_l}}}{\partial x} + \alpha_l \overline{\overline{\rho_l}} g - \alpha_l \overline{\overline{\rho_l}} \frac{\partial}{\partial x} \overline{(v_{xl}'^2 + v_{xl}''^2)} + \overline{\overline{\mu_l}} \frac{\partial}{\partial y} \alpha_l \frac{\partial \overline{v_{xl}}}{\partial y} - \overline{\overline{\rho_l}} \frac{\partial}{\partial y} \alpha_l \overline{(v_{xl}' v_{yl}' + v_{xl}'' v_{yl}'')}$$

$$\tag{2.47}$$

Na direção y:

$$0 = \frac{\partial}{\partial x}\alpha_l\left[\bar{\bar{\mu}}_l\frac{\partial\overline{v_{xl}}}{\partial y} - \bar{\bar{\rho}}_l\overline{\left(v'_{xl}v'_{yl} + v''_{xl}v''_{yl}\right)}\right] - \frac{\partial}{\partial y}\alpha_l\bar{\bar{\rho}}_l\overline{\left(v'^2_{yl} + v''^2_{yl}\right)} - (\bar{\bar{p}}_l)\frac{\partial\alpha_l}{\partial y}$$

$$= \alpha_l\bar{\bar{\mu}}_l\frac{\partial}{\partial y}\overbrace{\frac{\partial\overline{v_{xl}}}{\partial x}}^{=0} - \alpha_l\bar{\bar{\rho}}_l\frac{\partial}{\partial x}\overline{\left(v'_{xl}v'_{yl} + v''_{xl}v''_{yl}\right)} - \bar{\bar{\rho}}_l\frac{\partial}{\partial y}\alpha_l\overline{\left(v'^2_{yl} + v''^2_{yl}\right)} - (\bar{\bar{p}}_l)\frac{\partial\alpha_l}{\partial y}$$

$$(2.48)$$

A equação na direção y mostra-se desnecessária (TROSHKO e HASSAN, 2001b e FREIRE, 2004) e não será alvo de interesse na continuidade dos nossos estudos, que caminham para a formulação de uma nova lei da parede. Nossa preocupação volta-se para a equação (2.47). Não exaurimos todos os desenvolvimentos possíveis na análise da sub-camada turbulenta do escoamento interno. No piso totalmente turbulento, típico da morfologia próxima da parede, aplicamos o procedimento padrão de considerar somente a parte com a correlação cruzada entre as flutuações do campo de velocidade. Com isso, a formulação de quantidade de movimento torna-se:

Equação de movimento do líquido na direção x:

$$0 = -\bar{\bar{\rho}}_l\frac{\partial}{\partial y}\alpha_l\overline{v'_{xl}v'_{yl} + v''_{xl}v''_{yl}}$$

$$(2.49)$$

A expressão matemática em (2.49) pode ser reescrita como (2.50). Consideramos que os efeitos turbulentos produzidos pelo fluido líquido e a turbulência gerada pelo conjunto de bolhas são aditivos para baixos valores de fração de vazio. Observe que a notação foi modificada para efeito de simplicidade e $U_l$ equivale a $v_{xl}$, $V_l$ a $v_{yl}$, $u$ a $v'_{xl}$, $v$ a $v'_{yl}$, $u_b$ a $v''_{xl}$ e $v_b$ a $v''_{yl}$.

$$0 = \frac{\partial}{\partial y}\left[-\alpha_l(\overline{uv} + \overline{u_bv_b})\right]$$

$$(2.50)$$

Existem autores que apresentam outra formulação matemática para essa etapa do nosso desenvolvimento (TROSHKO e HASSAN, 2001b). Porém, preferimos seguir esse esquema que nos parece mais sensato com as escolhas feitas até o momento e, além disso, acompanha o tensor de Reynolds proposto no trabalho de SATO e SEKOGUCHI (1975) e SATO *et al.* (1981ª) e exposto na seção de "Revisão Bibliográfica". Note que a equação (2.50) é aplicável tanto para o piso turbulento do escoamento interno como externo, conforme resultado para camada limite exposto por (TROSHKO e HASSAN, 2001b).

A equação (2.50) apresenta uma fração de líquido que pode ser expressa melhor como um campo vetorial: $\alpha_l = (\alpha_{xl}, \alpha_{yl})$, cujo gradiente é $\nabla \alpha_l = (0, \frac{\partial \alpha_{yl}}{\partial y})$. Preservamos a notação de ISHII e HIBIKI (2006) e DREW e LAHEY JR (1979) e não colocamos em negrito a fração de vazio. Outra observação interessante é que poderíamos colocar o tensor turbulento sob uma média fásica e, também, não o fizemos, em virtude, também, da preservação da apresentação encontrada na literatura (ISHII e HIBIKI, 2006). A distribuição de fração de líquido varia transversalmente (y), o que possibilita abrir (2.50) em:

$$0 = -\alpha_l \frac{\partial}{\partial y}\left(\overline{uv} + \overline{u_b v_b}\right) - \left(\overline{uv} + \overline{u_b v_b}\right)\frac{\partial}{\partial y}(\alpha_l) \qquad (2.51)$$

Não obstante o rigor matemático explicitado anteriormente, mobilizamos nossa inteligência para a aceitação de uma distribuição radial uniforme da fração de líquido na região do piso turbulento ($=1-\alpha_{gmax}$, onde $\alpha_{gmax}$ é o pico de fração de vazio observado na região), o que transforma a equação anterior em:

$$0 = -\left(1 - \alpha_{gmax}\right)\frac{\partial}{\partial y}\left(\overline{uv} + \overline{u_b v_b}\right) \qquad (2.52)$$

Essa estratégia não invalida os passos construídos na subseção "Aplicação de um Modelo de Turbulência Algébrico" e sustentados pelas investigações de FREIRE (2004) e TROSHKO e HASSAN (2001b), mas, obviamente, reduz a visualização mais fina do fenômeno, que, a princípio, não é necessária para o desenvolvimento dos parâmetros de escala para a estrutura bi-fásica turbulenta.

## 2.2.3 Aplicação de um Modelo de Turbulência Algébrico

Alcançamos uma etapa de nosso desenvolvimento onde é preciso optar por um mo−delo de fechamento para a turbulência. Inicialmente, escolhemos o modelo mais simples que não envolve nenhuma equação de transporte diferencial para identificar o perfil de velocidade no escoamento. Traçamos um paralelo entre os arcabouços teóricos propostos por FREIRE (2004) e TROSHKO e HASSAN (2001b), apresentando as diferenças na evolução física do problema, que contribui para o aparecimento de expressões matemáticas claramente distintas.

Podemos introduzir o conceito de viscosidade turbulenta, aplicando-o extensivamente às flutuações no líquido originadas pelo movimento da fase dispersa. Esse alargamento do conceito de viscosidade turbulenta clássica é sustentado pela analogia com a análise para fluidos monofásicos e contribui para a seguinte apresentação da equação (2.50), após uma integração na região do piso turbulento:

$$\alpha_l\left(v_t^s + v_t^b\right)\frac{\partial U_l}{\partial y} = \frac{\tau_*}{\rho_l} \equiv U_*^2 \qquad (2.53)$$

onde $v_t^s$ é a viscosidade turbulenta cinemática $[m^2/s]$ induzida pelo cisalhamento, $v_t^b$ é a viscosidade turbulenta cinemática $[m^2/s]$ originada a partir do movimento das bolhas. Note bem, pela agitação das bolhas na fase líquida, excluindo do modelo o cálculo da turbulência interna às bolhas. O transporte das bolhas produz esteiras, vórtices turbulentos na fase líquida. Os outros parâmetros são a tensão de cisalhamento na parede ($\tau_*$) e a velocidade de atrito ($U_*$), ambas escalas turbulentas recíprocas para o escoamento bi-fásico que devem ser identificadas para a descrição do piso turbulento. Para efeito de simplificação na notação, retiramos o operador média de $U_l$, porém esse parâmetro significa a velocidade média do líquido e a lei da parede permite sua identificação na região periférica do escoamento.

Lembramos que a concepção clássica de viscosidade turbulenta surge da analogia explicitada primeiramente por Boussinesq em 1877 ($\tau_{t=}\mu_t\frac{d\bar{U}}{dy}$). A analogia referenciada trata da similaridade entre o fenômeno de transporte de quantidade de movimento a nível molecular e o processo turbulento, o que gera o modelo turbulento em um formato também parecido com o de uma tensão viscosa do fenômeno de transporte de quantidade de movimento macroscópico de fluidos.

Voltando ao nosso problema, a obtenção de uma solução física envolve desacoplar a viscosidade turbulenta produzida pelo cisalhamento e pelas bolhas. FREIRE (2004) e TROSHKO e HASSAN (2001b) adotam a mesma expressão para o efeito das bolhas e diferenciam-se em relação ao efeito cisalhante turbulento. A seguir, são expostos os dois conjuntos teóricos usados para as modelagens, onde $\varkappa_l$ é uma variável empírica de proporcionalidade para as bolhas e $\alpha_{gmax}$ é o pico de fração de vazio observado na região completamente turbulenta:

Proposta de TROSHKO e HASSAN, 2001b:

$$v_t^s = \varkappa y U_*$$ (2.54)

$$v_t^b = \varkappa_l \alpha_{gmax} U_r y$$ (2.55)

Proposta de FREIRE, 2004:

$$v_t^s = \varkappa^2 y^2 \frac{\partial U_l}{\partial y}$$ (2.56)

$$v_t^b = \varkappa_l \alpha_{gmax} U_r y$$ (2.57)

A sutileza do raciocínio, encontrado em FREIRE (2004), encontra-se na explicitação do conceito de comprimento de mistura de Prandtl, o que vai distinguir as soluções analíticas logarítmicas. Relembramos a teoria do comprimento de mistura de Prandtl, que inclui uma distância $l$ que uma porção de fluido percorre sem perder sua identidade hidrodinâmica (SCHLICHTING, 1979). Essa teoria trabalha com uma aproximação para as flutuações longitudinais e transversais ao escoamento. Podemos, utilizando série de Taylor e ignorando termos de ordem superior, identificar uma expressão para a perturbação longitudinal ($u'$) do escoamento médio ($\overline{U}$):

$$U_l(y + l) = U_l(y) + l \frac{\partial U_l}{\partial y} + \dots$$ (2.58)

$$U_l(y - l) = U_l(y) - l \frac{\partial U_l}{\partial y} + \dots$$ (2.59)

Continuando:

$$u_{(+l)} = U_l(y+l) - U_l(y) \cong l\frac{\partial U_l}{\partial y} \qquad (2.60)$$

$$u_{(-l)} = U_l(y-l) - U_l(y) \cong -l\frac{\partial U_l}{\partial y} \qquad (2.61)$$

O valor médio do módulo dessas perturbações no campo de velocidade pode ser expresso por:

$$\overline{\|u\|} = \frac{1}{2}(\|u_{+l}\| + \|u_{-l}\|) = l\left\|\frac{\partial U_l}{\partial y}\right\| \qquad (2.62)$$

Como na região do piso turbulento a ordem de grandeza das flutuações transversal e longitudinal são idênticas ($O(u')=O(v')$), chegamos à conclusão adiante. Consideramos, adicionalmente, o fato que a maioria das manifestações positivas de $u$ estão associadas com ocorrências negativas de $v$ (SCHLICHTING, 1979).

$$v = -l\frac{\partial U_l}{\partial y} \qquad (2.63)$$

Chegamos à tensão cisalhante expressa em (2.64), cuja forma se ajusta bem à expressão $\tau_t = \nu_t\frac{\partial U_l}{\partial y}$ e permite-nos extrair uma viscosidade turbulenta do tipo $l^2(\frac{\partial U_l}{\partial y})$ para $-\overline{\overline{uv}}$.

$$\overline{uv} = -l^2\left(\frac{\partial U_l}{\partial y}\right)^2 \qquad (2.64)$$

Para o escoamento sob a influência de uma superfície sólida, empregamos a tradicional indentidade para o comprimento de mistura: $l = \varkappa'$, onde $\varkappa$ é a constante de Von Kármán (0,41). Dessa forma, atingimos a expressão proposta por FREIRE (2004) para $\nu_t^s$, equação (2.56).

Empreendemos uma tentativa para alcançar a expressão para a viscosidade provocada pelo cisalhamento turbulento ($\nu_t^s$) em (2.54), TROSHKO e HASSAN (2001b). O caminho inicia-se com a obtenção do gradiente de velocidade a partir da lei da parede monofásica e, logo após, é empregado o produto desse gradiente pelo comprimento de mistura de Prandtl.

Passo 1: obtenção de $\frac{\partial U_l}{\partial y}$ a partir da lei da parede monofásica em (2.65).

$$U_l = \frac{U_*}{\varkappa} \ln\frac{yU_*}{v_l} + B_m \qquad (2.65)$$

$$\frac{\partial U_l}{\partial y} = \frac{U_*}{\varkappa y} \qquad (2.66)$$

Passo 2: realização do produto de (68) por $\varkappa^2 y^2$.

$$\varkappa^2 y^2 \frac{\partial U_l}{\partial y} = \varkappa^2 y^2 \frac{U_*}{\varkappa y} = \varkappa y U_* \qquad (2.67)$$

A indagação necessária é: se ambos os termos viscosos devido ao cisalhamento turbulento na fase contínua possuem essa estreita interligação, que diferença faz usar um ou outro para a obtenção de novas escalas para a lei da parede do escoamento com bolhas? O grave equívoco reside no passo 1, onde há a aplicação do operador derivada sob uma relação constitutiva final. Essa relação do tipo logarítmica já contém simplificações da informação completa da fenomenologia. Por que devemos agir considerando algo já reduzido em detalhes, se podemos usar algo mais completo, que é justamente base para chegar na lei da parede monofásica, cujas fundamentações teóricas são usadas para modelar a tensão provocada pelo cisalhamento turbulento na nova lei bi-fásica? A resposta é que não devemos usar, na linguagem popular, "a carroça na frente dos bois". Em WILCOX (1993), há a afirmação que a expressão $\varkappa y U_*$ é equivalente à variação do comprimento de mistura $l = ky$. Essa deve ter sido a fonte do erro de TROSHKO e HASSAN (2001b) em sua modelagem específica para o cisalhamento turbulento.

Concentramos agora nossos esforços em justificar o termo de viscosidade turbulenta presente em (2.55) e (2.57), que representa a adaptação necessária para o sistema bi-fásico, em razão da contribuição das bolhas no fenômeno de transporte de quantidade de movimento. TROSHKO e HASSAN (2001b) comentam que a viscosidade turbulenta induzida pela esteira das bolhas é responsável pelo fenômeno e pode ser estimada como o produto de uma velocidade de escorregamento entre as fases ($U_r$) e uma escala de comprimento de mistura. Para a aquisição dessa escala, o raciocínio consiste em verificar que o tamanho da bolha é comparável à espessura da camada limite, logo o

46

comprimento de mistura da esteira é proporcional à coordenada transversal y. Desdobramos essa argumentação para o escoamento interno, verificando a manutenção da estrutura turbulenta na morfologia do escoamento próximo da parede. Note que os termos viscosos são análogos nas expressões de TROSHKO e HASSAN (2001b). Temos um padrão para as equações que contêm um parâmetro empírico, uma velocidade e um comprimento característicos. A escolha de qual velocidade e de qual comprimento são mais apropriados não é uniforme na literatura. Por exemplo, os trabalhos em SATO e SEKOGUCHI (1975) e SATO *et al.* (1981ª) formulam a viscosidade causada pelas bolhas utilizando como escala de comprimento o diâmetro médio das bolhas, parâmetro de difícil medição com qualidade e que somente pode ser avaliado estatisticamente. A obra de VAN DER WELLE (1981) usa como escala de comprimento o diâmetro da tubulação em sua representação proveniente de relações de similaridade, onde o número de Reynolds é elemento participante da derivação de sua expressão.

Avançando, empenhamos nossa atenção na obtenção de uma solução algébrica para a expressão (2.53), utilizando primeiramente (2.54) e (2.55).

$$\alpha_l \left( \varkappa y U_* + \varkappa_l \alpha_{gmax} U_r y \right) \frac{\partial U_l}{\partial y} = \frac{\tau_w}{\rho_l} \equiv U_*^2 \tag{2.68}$$

Aplicando a proposição de FREIRE (2004), encontramos a seguinte expressão para a equação de movimento:

$$\alpha_l \left( \varkappa^2 y^2 \frac{\partial U_l}{\partial y} + \varkappa_l \alpha_{gmax} U_r y \right) \frac{\partial U_l}{\partial y} = \frac{\tau_w}{\rho_l} \equiv U_*^2 \tag{2.68}$$

Observe que ambas formulações podem ser descritas como:

$$\frac{dU_l}{\beta U_*} = \frac{dy}{\varkappa y} \tag{2.70}$$

onde o parâmetro de escala $\beta$ vai assumir as seguintes formas:

TROSHKO e HASSAN, 2001b:

$$\beta_{th} = \left[\left(1 + \frac{\varkappa_l\, \alpha_{gmax} U_r}{\varkappa' J_*}\right)(1 - \alpha_{gmax})\right]^{-1} \tag{2.71}$$

FREIRE, 2004:

$$\beta_{sf} = \frac{\varkappa_l\, \alpha_{gmax} U_r}{2\, \varkappa U_*}\left(\sqrt{1 + \frac{(2\,\varkappa J_*)^2}{(\varkappa_l\, \alpha_{gmax} U_r)^2 (1-\alpha_{gmax})}} - 1\right) \tag{2.72}$$

A evolução dos diferentes parâmetros $\beta$ pode ser observada no gráfico da figura (2.6). Usamos dados reais de experimentos do trabalho de MARIÉ *et al.* (1997) para preencher os valores das variáveis independentes que determinam a variável $\beta$ de cada proposição. O experimento foi conduzido com pico de fração de vazio em torno de 6,8%. Note que o distanciamento das curvas para $\beta$ é muito grande. A curva de Troshko e Hassan é sempre crescente. A curva de Freire é decrescente na região estudada com frações de vazio não superiores a 30%.

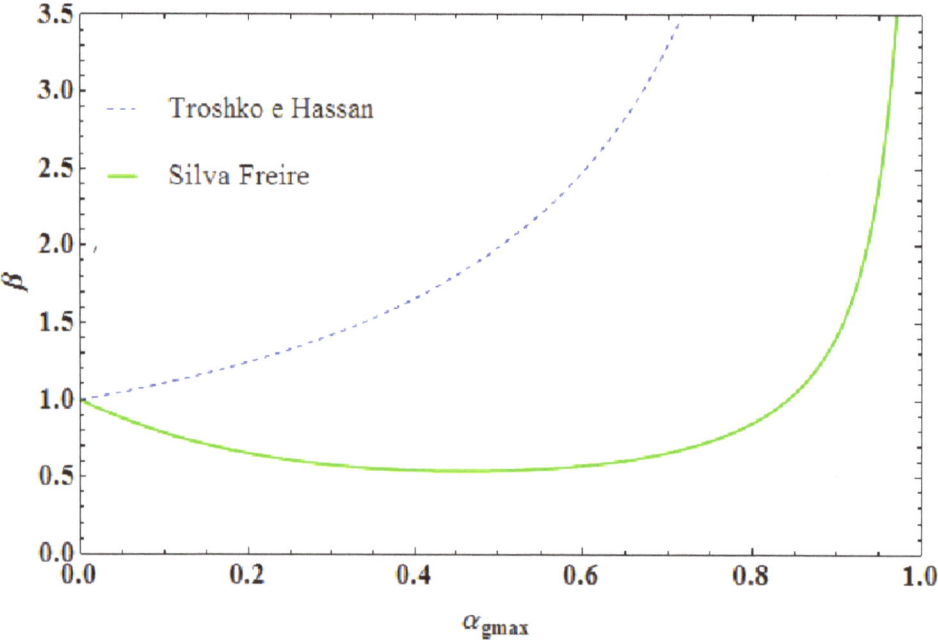

Figura 2.6: Evolução do corretor da função logarítmica bi-fásica com a fração de vazio máxima.

A solução da equação (2.70) encontra-se em (2.73) e ocorre após uma integração

48

em $y$. O valor de $\beta$ muda conforme o modelo escolhido. Por usar o termo de cisalhamento turbulento parametrizado diretamente pela velocidade de escala, o modelo de TROSHKO e HASSAN (2001b) falha em caracterizar corretamente o modelo algébrico pretendido para a lei da parede do escoamento com bolhas. Esse grave equívoco leva a um corretor da função logarítmica ($\beta$) com um comportamento que não traduz ofenômeno estudado.

Alguém poderia dizer: "se fosse utilizado para a viscosidade turbulenta (provocada pelo cisalhamento turbulento) uma velocidade de escala considerando uma dependência em $y$, onde $U_*(y) = \varkappa y \frac{\partial U_l}{\partial y}$, os modelos algébricos de TROSHKO e HASSAN (2001b) e FREIRE (2004) seriam absolutamente idênticos". Onde está o erro dessa afirmação aberrante? A velocidade de escala ao quadrado já foi definida matematicamente em (2.69) como a razão entre a tensão na parede e a massa específica do líquido.

A modelagem algébrica ainda influencia a construção do modelo diferencial. Troshko e Hassan lançam em 2001 um modelo $\kappa - \epsilon$ (TROSHKO e HASSAN, 2001ª) com base na parametrização desenvolvida para $\beta$ pelos pesquisadores. Por sua vez, em 2008, Freire e seus alunos criam (BITENCOURT et al., 2008) uma nova solução com apoio da obra FREIRE (2004).

$$U_l = \frac{\beta U_*}{\varkappa} \ln y + \text{B} \qquad (2.73)$$

A solução anterior (2.73) pode ser colocada em formato adimensional (2.74). Substituímos o termo aditivo $B$ por uma correlação:

$$U_l = \frac{\beta U_*}{\varkappa} \ln \frac{U_* y}{\nu_l} [y_o (1 - \beta) + \beta B_m] \qquad (2.74)$$

$$U_l^+ = \frac{\beta}{\varkappa} \ln y^+ + B^+ \qquad (2.75)$$

onde $U_l^+ = U_l / U_*$, $y^+ = \frac{U_* y}{\nu_l}$ e $B^+ = y_o(1 - \beta) + \beta B_m$.

O termo aditivo $B^+$ tem sua origem no trabalho de MARIÉ et al. (1997). Nesse trabalho, o termo aditivo é obtido com base na manutenção da espessura adimensional

$(y_o)$ do piso viscoso da estrutura da camada limite estudada. Com isso, é possível obter a expressão explicitada, que contém estreita relação com os dados experimentais obtidos (MARIÉ *et al.*, 1997).

O termo aditivo na função logarítmica aparece com duas formas em TROSHKO e HASSAN (2001b) e TROSHKO e HASSAN (2001ª). Em TROSHKO e HASSAN (2001b) ele possui a forma coerente $B^+ = y_o(1 - \beta) + \beta B_m$ com o trabalho de MARIÉ *et al.* (1997), que retorna para a lei monofásica quando $\beta$ é igual a 1. Em TROSHKO e HASSAN (2001ª), esse coeficiente aditivo adquire a forma $B^+ = y_o(\beta^{-1} - 1) -$ l n$(\beta) / \varkappa$, que vai a zero, se $\beta$ igual a 1, o que é inconsistente com a generalidade esperada em uma lei da parede bi-fásica. Note que nessa última expressão falta $B_m$, a constante aditiva do escoamento monofásico.

Outra alternativa para a adimensionalização está em FREIRE (2004), que opta por $U_l^+ = U_l/U_*$, $y^+ = \frac{\beta U_* y}{\nu_l}$. Para as validações presentes neste texto, preferimos a adimensionalização em (2.75).

## 2.2.4 Princípio de Sato ou da Separação das Contribuições Viscosas

O trabalho de SATO e SEKOGUCHI (1975) apresenta pela primeira vez na literatura o princípio de separação das tensões cisalhantes da fase líquida em três componentes: uma exclusiva para representar a tensão viscosa natural do fluido líquido, uma restrita à viscosidade produzida pelas flutuações turbulentas próprias da fase líquida e outra que manifesta a contribuição fornecida pela passagem de uma população de bolhas, cuja dimensão característica escolhida é o diâmetro médio espacial. Essa última influência é proporcional à quantidade de bolhas por unidade de tempo e de área. Também, afeta a fase líquida, proporcionalmente, a velocidade média das bolhas e a proximidade da fase líquida da região de passagem da fase dispersa.

Natural verificar que a fase líquida é mais influenciada pela dispersa onde há maior concentração da última. Outro fato relevante é que uma maior velocidade de escorregamento entre as fases transmite mais quantidade de movimento entre as fases. A originalidade de SATO e SEKOGUCHI (1975) está em desprezar completamente as correlações cruzadas que misturam as modificações, nas flutuações longitudinais e transversais, vindas de fontes diferentes. Isso significa que as correlações do tipo $\overline{u'u''}$, $\overline{u'v''}$ e $\overline{u''v'}$ e outras análogas de ordem superior são nulas. Somente são modeladas correlações do tipo $\overline{u'v'}$ e $\overline{u''v''}$, onde a nomenclatura já foi explicada na seção de "Revisão Bibliográfica".

Quais as 51 consequências do princípio que denominamos "de Sato"? Há um impacto muito grande na modelagem apoiada por tal princípio simplificador. A percepção é quase tênue. Não somente as correlações cruzadas de origens distintas são nulas, mas, também, torna-se inaceitável expressar as correlações de mesma origem combinando parâmetros presentes no termo viscoso de uma correlação com parâmetros de outra. Em palavras mais simples, exemplificando, a velocidade de escorregamento influencia a viscosidade provocada pela passagem das bolhas e, tal parâmetro, somente é aplicado na modelagem do tensor representativo dessa influência. Por sua vez, o comprimento de mistura monofásico somente deve aparecer na modelagem do tensor cisalhante turbulento. Os parâmetros que modelam a viscosidade de cada tensão não aparecem na modelagem da outra tensão.

Em uma tentativa de aguçar a mente do leitor, produzimos os seguintes exemplos com apoio das equações que de fato modelam as contribuições viscosas (2.56) e (2.57). Essas equações estão presentes na subseção "Aplicação de um Modelo de Turbulência Algébrico" e são parte do trabalho de FREIRE (2004):

$$\overline{u'v'} = -\varkappa^2 y^2 \frac{\partial U_l}{\partial y}\frac{\partial U_l}{\partial y} \tag{2.76}$$

$$\overline{u''v''} = \varkappa_l \alpha_{gmax} U_r y \frac{\partial U_l}{\partial y} \tag{2.77}$$

Agora que escolhemos uma modelagem para servir de apoio, perguntamos se são válidas as combinações abaixo:

$$\overline{u'v'} = -\varkappa^2 y^2 \frac{\partial U_l}{\partial y} F(U_r)\frac{\partial U_l}{\partial y} \tag{2.78}$$

$$\overline{u''v''} = \varkappa_l \alpha_{gmax} U_r y \, F(\varkappa^2 y^2)\frac{\partial U_l}{\partial y} \tag{2.79}$$

$$\overline{u'v'} = -\varkappa^2 y^2 \frac{\partial U_l}{\partial y} F(U_r, \varkappa_l)\frac{\partial U_l}{\partial y} \tag{2.80}$$

$$\overline{u''v''} = \varkappa_l \alpha_{gmax} U_r y \, F\left(\varkappa^2 y^2 \frac{\partial U_l}{\partial y}\right) \frac{\partial U_l}{\partial y} \tag{2.81}$$

A resposta é que as quatro modelagens anteriores não podem existir com base no princípio ou hipótese de Sato, que enunciamos assim: em um escoamento bi-fásico turbulento com bolhas somente são não nulas a tensão cisalhante viscosa natural do fluido, as tensões $\overline{u'v'}$ e $\overline{u''v''}$. Assumem valor nulo combinações de segunda ordem do tipo $\overline{u'u''}$, de terceira ordem do tipo $\overline{u''v''u'}$ e de quarta ordem do tipo $\overline{u'v'u''v''}$. O que foi usado para modelar um tensor separadamente do outro não deve contribuir cruzadamente. Nos exemplos, F(.) é uma função que contribui para compor o termo viscoso. Verifique que suas variáveis independentes estão presentes especificamente na idealização do outro tensor. Isso foi proposital para alcançar o entendimento desejado.

Estudando o exemplo anterior (2.81), veja que há uma identidade falsa, pois $\overline{u''v''}$ é diferente de $\overline{u''v''u'v'}$.

Fundamental saber que, por exemplo, a variável y está presente em ambas modelagens. Mas, cuidado, não confundir. Ela existe dentro da modelagem monofásica do comprimento de mistura $l$, portanto, não representa problema na argumentação desenvolvida.

A proposta de SATO e SEKOGUCHI (1975) é utilizada em trabalhos posteriores, entretanto, TROSHKO e HASSAN (2001b), na proposição das condições de contorno para a energia cinética turbulenta e para a taxa de dissipação dessa energia (ambas variáveis por unidade de massa), não utiliza esse princípio, que, também, não é verificado no modelo diferencial publicado em BITENCOURT *et al.* (2008). Como sabemos que o princípio não é aplicado? A resposta está presente na subseção "Aplicação de um Modelo de Turbulência Diferencial".

## 2.2.5 Princípio do Equilíbrio entre Produção e Destruição no Piso Turbulento

Apesar de curta, esta subseção é uma das mais importantes desta obra. A região imediatamente adstrita à parede possui características específicas. Há, tanto nos escoamentos turbulentos internos e externos, uma região extremamente fina onde predomina os efeitos viscosos. Tal região mantém nos regimes monofásicos e bi-fásicos uma característica linear. Por sua vez, há adjacente a essa região o piso turbulento, cuja característica principal é ser uma região onde a quantidade de movimento tem como componente com maior ordem de grandeza exatamente o termo da tensão cisalhante turbulenta no caso monofásico. No caso bi-fásico, há ainda a necessidade de considerar o cisalhamento provocado pelas bolhas nessa região.

Identificamos na obra de MARIÉ *et al.* (1997) que há um pico de produção de energia cinética turbulenta (já somando os efeitos das bolhas e da turbulência) no piso turbulento onde enunciamos uma nova lei da parede. Observe que um argumento fundamental, voltando ao escoamento monofásico, é o equilíbrio entre o que se produz e o que se destrói de energia cinética turbulenta. Qual a forma de expressar isso matematicamente para o regime bi-fásico? Vejamos avante:

Passo 1: apresentamos o balanço para a propriedade $\kappa$ sem o termo inercial (escoamento plenamente desenvolvido):

$$0 = \alpha_l\left(v_t^s + v_t^b\right)\left(\frac{\partial U_l}{\partial y}\right)^2 - \alpha_l\epsilon + \alpha_l\frac{\partial}{\partial y}\left[\frac{(v_t^s + v_t^b)}{\sigma_k}\frac{\partial k}{\partial y}\right] \tag{2.82}$$

Passo 2: novamente identificamos que o termo difusivo é aproximadamente nulo na região logarítmica como ocorre no fenômeno monofásico. Isso pode ser observado experimentalmente no gráfico da figura 13 da obra de MARIÉ *et al.* (1997). Chegamos à conclusão que:

$$\alpha_l\frac{\partial}{\partial y}\left[\frac{(v_t^s + v_t^b)}{\sigma_k}\frac{\partial k}{\partial y}\right] = 0 \tag{2.83}$$

Passo 3: fechando o raciocínio chegamos à formulação que define bem o equilíbrio entre a produção e a destruição da propriedade $\kappa$. Aproveitamos e cancelamos a fração de vazio contida nas expressões do lado direito e esquerdo da equação.

$$\left(v_t^s + v_t^b\right)\left(\frac{\partial U_l}{\partial y}\right)^2 = \epsilon \tag{2.84}$$

A fórmula acima pode ser colocada na forma (P = Produção e D = Destruição):

$$P = D \tag{2.85}$$

onde:

$$P = (v_t^s + v_t^b)\left(\frac{\partial u_l}{\partial y}\right)^2 \tag{2.86}$$

$$D = \epsilon \tag{2.87}$$

Tal princípio da manutenção do equilíbrio local é enunciado no trabalho de BITENCOURT *et al.* (2008) e será usado para apresentar nova solução para a modelagem das condições de contorno para $\kappa$ e $\epsilon$.

## 2.2.6 Aplicação de um Modelo de Turbulência Diferencial

Os modelos diferenciais a duas equações são mais elaborados que os modelos algébricos e, também, fazem uso da conceituação de uma viscosidade aparente para expressar a fenomenologia turbulenta. Eles trabalham com duas equações diferenciais de transporte de propriedades turbulentas, fechando o problema desse tipo de escoamento. Em geral, fazem uso de uma equação para a energia cinética turbulenta ($\kappa$) e outra para a taxa de dissipação dessa energia ($\epsilon$) por unidade de massa ou para a 54on54a54ncia de passagem de grandes estruturas turbulentas, ($\omega$). No presente trabalho, desenvolvemos soluções analíticas para o modelo $\kappa - \epsilon$, utilizando os trabalhos de TROSHKO e HASSAN (2001ª) e BITENCOURT *et al.* (2008) como referências básicas. Os balanços diferenciais para o modelo de fechamento turbulento são aqueles para a região completamente turbulenta (CRUZ e FREIRE, 1998), na direção longitudinal ($x$) do movimento (já considerando os detalhes do modelo bi-fásico adotado por TROSHKO e HASSAN, 2001ª):

$$0 = \alpha_l \frac{\partial}{\partial y}\left[(v_t^s + v_t^b)\left(\frac{\partial u_l}{\partial y}\right)\right] \tag{2.88}$$

$$0 = \alpha_l \left( v_t^s + v_t^b \right) \left( \frac{\partial U_l}{\partial y} \right)^2 - \alpha_l \epsilon + \alpha_l \frac{\partial}{\partial y} \left[ \frac{(v_t^s + v_t^b)}{\sigma_k} \frac{\partial k}{\partial y} \right] \qquad (2.89)$$

$$0 = c_{\epsilon 1} \alpha_l \frac{\epsilon}{\kappa} \left( v_t^s + v_t^b \right) \left( \frac{\partial U_l}{\partial y} \right)^2 - c_{\epsilon 2} \alpha_l \frac{\epsilon^2}{\kappa} + \alpha_l \frac{\partial}{\partial y} \left[ \frac{(v_t^s + v_t^b)}{\sigma_\epsilon} \frac{\partial \epsilon}{\partial y} \right] \qquad (2.90)$$

onde os parâmetros $c_v$, $c_{\epsilon 1}$, $c_{\epsilon 2}$, $\sigma_\kappa$, $\sigma_\epsilon$ são extensões do modelo turbulento monofásico para a condição bi-fásica. Seus valores são para ambas proposições: $c_v = 0,09$, $c_{\epsilon 1} = 1,44$, $c_{\epsilon 2} = 1,92$, $\sigma_\kappa = 1,0$ e $\sigma_\epsilon = 1,30$.

Note que o conjunto de balanços apresentado para o transporte das grandezas $\kappa$ e $\epsilon$ está em harmonia com a formulação mais geral reproduzida em TROSHKO e HASSAN (2001ª) a menos do termo interfacial e da fração fásica no termo difusivo, que permite que as formulações diferenciais sejam escritas sem essa fração como em BITENCOURT *et al.* (2008).

Uma observação é necessária: não encontramos uniformidade na apresentação do termo difusivo. Em MATOS *et al.* (2004) há uma fração de líquido participando do operando do divergente e em TROSHKO e HASSAN (2001ª) isso não ocorre. Essa discordância não afeta a forma que é feita a proposição das condições de contorno por TROSHKO e HASSAN (2001b), BITENCOURT *et al.* (2008) e a nova modelagem contida nesta obra, porém fica registrada essa questão surgida a partir da pesquisa nas literaturas conhecidas. Adicionalmente, encontramos em KATAOKA e SERIZAWA (1989) e LOPES DE BERTODANO *et al.* (1992) a fração da fase contínua no termo difusivo para seus respectivos modelos, o que orienta favoravelmente a escolha para (2.89) e (2.90). Em particular, em KATAOKA e SERIZAWA (1989) fica claro o uso da fração considerando o operador média fásica (veja ISHII e HIBIKI, 2006) aplicado sobre a metade do quadrado da flutuação de velocidade longitudinal, que surge no termo difusivo e representa sua opção para a energia cinética turbulenta.

Interpretando o conjunto de equações diferenciais anteriores, identificamos que (2.88) é a expressão da quantidade de movimento para o piso turbulento da estrutura próxima da parede, que já foi desenvolvido na subseção "Aplicação de um Modelo de Turbulência Algébrico". O balanço (2.89) envolve a energia cinética turbulenta ($\kappa$) e o balanço (2.90) traduz a dissipação dessa energia. Observe que nas três equações não há termos de inércia, pois o escoamento se dá próximo à parede. Os equacionamentos (2.89) e (2.90) contêm três termos significativos: um de produção, um de destruição e outro de difusão. Por exemplo, na equação (2.89), o termo $\left(v_t^s + v_t^b\right)\left(\frac{\partial U_l}{\partial y}\right)^2$ colabora para a geração de energia cinética turbulenta. Na mesma equação, por definição, o termo $\epsilon$ é empregado e seu valor expressa a dissipação da energia cinética turbulenta. O outro termo restante, $\left(\frac{\partial}{\partial y}\left[\frac{(v_t^s + v_t^b)}{\sigma_k}\frac{\partial k}{\partial y}\right]\right)$, não produz nem destrói a energia cinética, mas representa seu espalhamento na coordenada $y$, tranversal ao escoamento.

Ampliando a aplicabilidade das propostas de viscosidade turbulenta explicitadas nas análises anteriores, caminhamos para o uso de um modelo $\kappa - \epsilon$ com as definições de viscosidades cinemáticas bi-fásicas conforme os equacionamentos propostos por TROSHKO e HASSAN, 2001b (2.54) e (2.55) e FREIRE, 2004 (2.56) e (2.57). Esses esforços geram as seguintes condições de contorno para o fechamento das equações diferenciais:

Proposta de TROSHKO e HASSAN (2001ᵃ):

$$U_l = \frac{\beta_{th} U_*}{\varkappa} l \; ny + B \tag{2.91}$$

$$\kappa_{th} = \frac{U_*^2}{\sqrt{c_v}} \tag{2.92}$$

$$\epsilon_{th} = \frac{\beta_{th} U_*^3}{\varkappa y} \tag{2.93}$$

onde o corretor da função logarítmica ($\beta_{th}$) é elucidado em (2.71) e $B$ é o parâmetro aditivo.

Proposta de BITENCOURT *et al.* (2008):

$$U_l = \frac{\beta_{sf} U_*}{\varkappa} l \; ny + B \tag{2.94}$$

$$\kappa_1 = \frac{\beta_{sf} U_*^2}{\sqrt{c_v}} \tag{2.95}$$

$$\epsilon_1 = \frac{\beta_{sf} U_*^3}{\varkappa y} \tag{2.96}$$

$$c_{\epsilon 1} = c_{\epsilon 2} - \frac{1}{\sigma_\epsilon}\frac{\kappa^2}{\sqrt{c_v}}\frac{1}{\beta_{sf}} \tag{2.97}$$

onde o subscrito *th* está relacionado às proposições encontradas nos trabalhos de TROSHKO e HASSAN (2001b) e TROSHKO e HASSAN (2001ᵃ), o subscrito *sf* trata da proposta de FREIRE (2004) e o subscrito 1 refere-se à proposta apresentada em BITENCOURT *et al.* (2008). O parâmetro $c_\upsilon$ é a constante do modelo turbulento para escoamentos monofásicos estendida para a condição bi-fásica. O corretor da função logarítmica ($\beta_{sf}$) está contido em (2.72).

Nosso foco principal, nesta seção, é estudar e evoluir as expressões analíticas das propostas anteriores, comparando-as com o modelo monofásico para entendimento da modelagem. Adicionalmente, em outra seção deste trabalho (capítulo que trata os resultados), contrastamos as predições teóricas para as condições de contorno com resultados experimentais. Iniciamos com o modelo de TROSHKO e HASSAN (2001ª). Mas, antes, revemos as equações para $\kappa$ e $\epsilon$ para o escoamento monofásico:

$$\kappa = \frac{U_*^2}{\sqrt{c_\upsilon}} \tag{2.98}$$

$$\epsilon = \frac{U_*^3}{\varkappa y} \tag{2.99}$$

No modelo diferencial abordado, a viscosidade turbulenta proveniente do cisalhamento turbulento é modelada por:

$$\upsilon_t^s = c_\upsilon \frac{\kappa_l^2}{\epsilon_l} \tag{2.100}$$

Articulando o equacionamento anterior com as fórmulas em (2.98) e (2.99), chegamos exatamente à viscosidade turbulenta aplicada no modelo algébrico de TROSHKO e HASSAN (2001b).

$$v_t^s = c_\upsilon \frac{\left(\frac{U_*^2}{\sqrt{c_\upsilon}}\right)^2}{\frac{U_*^3}{\varkappa y}} = \varkappa y U_* \tag{2.101}$$

É fundamental lembrar que a viscosidade devido às bolhas é superposta à viscosidade cisalhante turbulenta, portanto a aceitação de um $\kappa_l$ e de um $\epsilon_l$ deve envolver a obtenção de uma viscosidade sem influência das bolhas a partir das escolhas para $\kappa_l$ e $\epsilon_l$. Isso é possível para o modelo de TROSHKO e HASSAN (2001ª)? Vamos testar as expressões usadas nesse trabalho:

$$v_t^s = c_v \frac{\left(\frac{U_*^2}{\sqrt{c_v}}\right)}{\underbrace{\frac{\beta U_*^3}{\varkappa v}}} = \frac{\varkappa y U_*}{\beta} \tag{2.102}$$

Podemos argumentar que, quando $\beta$ vai para 1, retornamos para a mesma viscosidade obtida para o escoamento monofásico e, portanto, é tolerável permanecer com as expressões de energia cinética turbulenta e de taxa de dissipação obtidas em TROSHKO e HASSAN (2001ᵃ). Mas, observe que esse termo viscoso não deve ter nenhuma modificação em sua expressão matemática (ele deve ser igual à expressão original: $\varkappa y U_*$). Caso contrário, alcançaremos um modelo bi-fásico incoerente com o princípio da separação das influências viscosas.

Completando o pensamento, quando analisamos o escoamento bi-fásico de interesse, o $\beta$ já não será 1 com a modificação da lei da parede, o que conduz a um termo viscoso devido ao cisalhamento turbulento que é influenciado pelo corretor da função logarítmica ($\beta$), o que entra em choque com a conceituação de SATO e SEKOGUCHI (1975), SATO *et al.* (1981ᵃ), VAN DER WELLE (1981), TROSHKO e HASSAN (2001b), FREIRE (2004) e BITENCOURT *et al.* (2008), que mantêm a 58on58a de separação e superposição das influências viscosas. O raciocínio construído permite dizer que as expressões de TROSHKO e HASSAN (2001ᵃ) são impróprias e requerem ser redescobertas para seu modelo diferencial. O sustentáculo para tal objetivo está contido em sua própria explanação sobre a lei da parede para escoamentos com bolhas. Entretanto, não é necessário desenvolver equações diferenciais para o modelo de TROSHKO e HASSAN (2001b), em virtude do equívoco em sua abordagem, que leva a um processo de integração falho, conforme já visto na subseção "Aplicação de um Modelo de Turbulência Algébrico". Se criássemos esse modelo, ele teria em sua apresentação o parâmetro $\beta_{th}$, cujo comportamento distancia-se do $\beta_{sf}$, conforme já verificado.

E as expressões em BITENCOURT *et al.* (2008), que fazem uso do corretor da função logarítmica $\beta_{sf}$, sobrevivem ao rigor físico-matemático exposto? Vamos ao teste:

$$v_t^s = c_v \frac{\left(\frac{\beta U_*^2}{\sqrt{c_v}}\right)^2}{\underbrace{\frac{\beta U_*^3}{\varkappa_l}}} = \beta \varkappa y U_* \tag{2.103}$$

Sem necessidade de repetir os raciocínios construídos para a verificação do modelo de TROSHKO e HASSAN (2001ª), fica claro que também há uma falha teórica, que será sanada com um nova proposição para as condições de contorno $\kappa$ e $\epsilon$, que são pela primeira vez identificadas. Para isso voltamos para a equação de quantidade de movimento (2.73) e o balanço de energia cinética turbulenta na direção $x$ do movimento (2.105), que desprezando o termo difusivo para essa última, torna possível evoluir a seguinte expressão para a condição de contorno $\epsilon_l$ nos passos adiante:

Passo 1: identificação das equações que restringem a solução analítica.

$$U_l = \frac{\beta U_*}{\varkappa} \ln y + \text{B} \tag{2.104}$$

$$0 = \left(v_t^s + v_t^b\right)\left(\frac{\partial U_l}{\partial y}\right)^2 - \epsilon_l \tag{2.105}$$

$$v_t^s = c_v \frac{\kappa^2}{\epsilon} \tag{2.106}$$

onde $v_t^s$ e $v_t^b$ são apresentados em (2.56) e (2.57), respectivamente. Ressaltamos que $c_v \frac{\kappa^2}{\epsilon} = \varkappa y U_*$. De acordo com a argumentação desenvolvida na subseção "Princípio de Sato ou da Separação das Contribuições Viscosas", não devemos confundir as expressões analíticas das diversas fontes. A solução do sistema abaixo, mais simplificado, extingue nosso problema.

$$c_v \frac{\kappa_l^2}{\epsilon_l} = \varkappa y U_* \tag{2.107}$$

$$\epsilon_l = \left( \varkappa y U_* + \varkappa_l \alpha_{gmax} y U_r \right)\left(\frac{\beta U_*}{\varkappa y}\right)^2 \tag{2.108}$$

Passo 2: Resolvemos o sistema de equações anterior. Alcançamos:

$$\kappa_l = \frac{\beta U_*^{3/2} \sqrt{\frac{\varkappa_l \alpha_{gmax} U_r + \varkappa U_*}{\varkappa}}}{\sqrt{c_v}} \tag{2.109}$$

$$\epsilon_l = \frac{\beta^2 U_*^2 ( \varkappa_l \alpha_{gmax} U_r + \varkappa U_*)}{\varkappa^2 y} \tag{2.110}$$

Com esse conjunto de condições de contorno, podemos estudar sua capacidade de generalização. Se fizermos $\beta$ igual a 1 e $\varkappa \alpha_{gmax} U_r = 0$ para anular o efeito das bolhas e regressar para o caso monofásico, encontramos:

$$\kappa_l = \frac{\beta U_*^{3/2} \sqrt{U_*}}{\sqrt{c_v}} = \frac{U_*^2}{\sqrt{c_v}} \tag{2.111}$$

$$\epsilon_l = \frac{\beta^2 U_*^2 (U_*)}{\varkappa y} = \frac{U_*^3}{\varkappa y} \tag{2.112}$$

Visualizamos um retorno total ao problema do escoamento monofásico, o que qualifica positivamente o modelo bi-fásico obtido.

Com o conjunto de condições de contorno (2.111) e (2.112) e a equação para a taxa de dissipação (2.90), encontramos a seguinte restrição para o parâmetro $c_{\epsilon 1}$:

$$c_{\epsilon 1} = c_{\epsilon 2} - \frac{\varkappa^2 \sqrt{\frac{\varkappa \alpha_{gmax} U_r}{\varkappa} + U_*}}{\beta \sqrt{c_v} \sigma_\epsilon \sqrt{U_*}} \tag{2.113}$$

Novamente, é possível identificar um grau de generalidade na solução. Se desprezarmos os efeitos borbulhantes, fazendo $\varkappa \alpha_{gmax} U_r = 0$ e $\beta = 1$, voltamos para a restrição monofásica. Vejamos:

$$c_{\epsilon 1} = c_{\epsilon 2} - \frac{\varkappa^2 \sqrt{\frac{0}{\varkappa} + U_*}}{\sqrt{c_v} \sigma_\epsilon \sqrt{U_*}} = c_{\epsilon 2} - \frac{\varkappa^2 \sqrt{U_*}}{\sqrt{c_v} \sigma_\epsilon \sqrt{U_*}} = c_{\epsilon 2} - \frac{\varkappa^2}{\sqrt{c_v} \sigma_\epsilon} \tag{2.114}$$

O conjunto de condições de contorno para a velocidade média do líquido (2.94), a energia cinética turbulenta (2.109), a taxa de dissipação (2.110) e $c_{\epsilon 1}$ (2.113) formam o arcabouço teórico suficiente para engendrarmos a comparação das predições calculadas nessas referências com a experimentação desenvolvida, por exemplo, nos trabalhos de SATO *et al.* (1981b) e MARIÉ *et al.* (1997).

# Capítulo 3

## Resultados

Este capítulo está dividido na apresentação da validação do modelo algébrico e na validação da condição de contorno $\kappa$ do modelo diferencial. São usados gráficos e tabelas no contraste com dados experimentais, predições oriundas de TROSHKO e HASSAN (2001b) e resultados monofásicos. As tabelas contêm propriedades locais e globais do escoamento e foram montadas com base nos trabalhos de SATO *et al.* (1981b), NAKORYAKOV *et al.* (1981) e MARIÉ *et al.* (1997).

## 3.1 Modelo Algébrico

Buscamos na literatura experimentos que pudessem corroborar para a validação do modelo algébrico proposto por FREIRE (2004). Essa tarefa não é simples, pois requisita a identificação dos parâmetros que compõem o referido modelo e muitos trabalhos explorados não contêm esses detalhes. Entre esses trabalhos podemos citar SO *et al.* (2002), que não fornece meios para extrair o pico de fração de vazio (não há gráficos de perfil radial dessa propriedade local nem essa propriedade identificada explicitamente). Também, entra o trabalho de WANG *et al.* (1987), que apesar de estudar a estrutura turbulenta, mostra gráficos para uma determinada velocidade superficial do líquido com sua flutuação longitudinal sem correspondente gráfico com a evolução do tensor de Reynolds (fonte da velocidade de escala através das relações $\tau_* = -\rho(\overline{uv} + \overline{u'v'})$ e $U_* = \sqrt{\tau_*/\rho}$, onde $\overline{u'v'}$, já aparece contabilizado em $\overline{uv}$ nos trabalhos investigados, exceto na proposta de SATO *et al.*, 1981ª). Mesmo o trabalho de SATO *et al.* (1981b) somente permite utilizar alguns de seus testes, pois há casos sem medição na região de interesse ($30 < y^+ < 200$, segundo MARIÉ *et al.*, 1997).

Apesar das dificuldades, conseguimos realizar a confrontação com experimentos em SATO *et al.* (1981b), NAKORYAKOV *et al.* (1981) e MARIÉ *et al.* (1997). Sendo esse último o que forneceu a maioria dos casos de teste, além de ser uma continuação dos ensaios propostos em MOURSALI *et al.* (1995). Ficou evidente em nosso estudo, que a modificação proposta por FREIRE (2004) para a lei da parede de TROSHKO e HASSAN (2001b), viabiliza resultados mais fiéis a maioria dos resultados experimentais identificados na literatura.

Antes de adentrar nos resultados propriamente ditos, esclarecemos os meios utilizados para alcançar determinados parâmetros do escoamento. Iniciamos com a velocidade de escorregamento entre as fases. A mesma pode ser obtida através da seguinte proposição para escoamento com bolhas, encontrada em (ISHII e ZUBER, 1979) e (ISHII e HIBIKI, 2006):

$$U_r = (4g\sigma\Delta\rho/\rho_l^2)^{1/4}\left(1 - \alpha_{gmax}\right)^{1,75} \tag{3.1}$$

TROSHKO e HASSAN (2001b) usa a expressão acima com um equívoco na transcrição para seu trabalho. O engano encontra-se no expoente da potenciação de $(1-\alpha_{gmax})$, que deve ser 1,75 e não ¾.

$$U_r = (4g\sigma\Delta\rho/\rho_l^2)^{1/4}\left(1 - \alpha_{gmax}\right)^{3/4} \tag{3.2}$$

onde $g$ é a gravidade, $\sigma$ é a tensão superficial entre as fases e $\Delta\rho$ é a diferença entre as massas específicas das fases.

Após essa etapa, avançamos para um meio de identificar $\varkappa$. TROSHKO e HASSAN (2001b) propõe usar uma correlação (3.3) entre essa variável e a velocidade de atrito ($U_*$). Essa relação é montada sob a 62on62a que um aumento da velocidade de atrito (velocidade de escala escolhida) influencia reduzindo o efeito da pseudo-turbulência das bolhas. Em sua defesa, TROSHKO e HASSAN (2001b) informa que a dependência funcional com a velocidade de atrito revela que a correção empírica depende de outros parâmetros do escoamento, porque essa velocidade varia com a fração de vazio, a velocidade do líquido e o nível de turbulência.

$$\varkappa = 4,9453\exp(-40,661U_*) \tag{3.3}$$

FREIRE (2004) e BITENCOURT *et al.* (2008) acompanham o uso dessa correlação. Porém, testamos um melhoramento da proposta para o cálculo do parâmetro empírico adotando a seguinte fórmula:

$$\varkappa_l = 10{,}8068\exp(-38{,}7169U_*) \tag{3.4}$$

Alguns comentários são necessários sobre (3.4). Essa nova formulação foi extraída segundo os passos adiante.

Passo 1: obtenção dos valores de $\beta$ (corretor da função logarítmica), que satisfazem os valores dos novos coeficientes angulares $(1/\varkappa')$ obtidos no trabalho de MARIÉ *et al.* (1997). A constante de 63on Kármán utilizada ($\varkappa$) é 0,41, conforme o resultado das experiências de MARIÉ *et al.* (1997) para escoamento monofásico. Fazendo uma comparação dos coeficientes angulares, reconhecemos que $1/\varkappa'=\beta/\varkappa$

| $\alpha_{gmax}$ | $\varkappa'$ | $\beta = \varkappa/\varkappa'$ |
|---|---|---|
| 0,02 | 0,53 | 0,773585 |
| 0,035 | 0,62 | 0,66129 |
| 0,06 | 0,78 | 0,525641 |
| 0,016 | 0,45 | 0,911111 |
| 0,038 | 0,53 | 0,773585 |
| 0,068 | 0,65 | 0,630769 |

Tabela 3.1: Tabela de parâmetros para cálculo de $\beta$.

Passo 2: cálculo dos valores de $\kappa_l$, que resolvem as equações montadas com os dados de MARIÉ *et al.* (1997) e os valores de $\beta$ alcançados no passo 1 (veja a equação 2.72):

$$0{,}773585 = -0{,}126612\varkappa_l + 33{,}294415\sqrt{0{,}000921 + 0{,}000014\varkappa_l^2} \tag{3.5}$$

$$0{,}66129 = -0{,}204610\varkappa_l + 31{,}831557\sqrt{0{,}001023 + 0{,}000041\varkappa_l^2} \tag{3.6}$$

$$0{,}525641 = -0{,}296943\varkappa_l + 28{,}587063\sqrt{0{,}001302 + 0{,}000108\varkappa_l^2} \tag{3.7}$$

$$0{,}911111 = -0{,}080309\varkappa_l + 26{,}157169\sqrt{0{,}001485 + 9{,}426408\times 10^{-6}\varkappa_l^2} \tag{3.8}$$

$$0{,}773585 = -0{,}175851\varkappa_l + 25{,}374794\sqrt{0{,}001614 + 0{,}000048\varkappa_l^2} \tag{3.9}$$

$$0{,}630769 = -0{,}280533\varkappa_l + 24{,}292647\sqrt{0{,}001818 + 0{,}000133\varkappa_l^2} \tag{3.10}$$

Obtemos os seguintes valores para $\varkappa_l$:

| $j_l[m/s]$ | $\alpha_{gmax}$ | $\varkappa_l$ | $U_*[m/s]$ |
|---|---|---|---|
| 0,75 | 0,02 | 2,15414 | 0,037 |
| 0,75 | 0,035 | 2,21336 | 0,039 |
| 0,75 | 0,06 | 2,52276 | 0,044 |
| 1,0 | 0,016 | 1,27194 | 0,047 |
| 1,0 | 0,038 | 1,62115 | 0,049 |
| 1,0 | 0,068 | 1,90756 | 0,052 |

Tabela 3.2: Tabela com os valores calculados para a variável empírica $\varkappa_l$ do termo difusivo que retrata as bolhas.

Passo 3: calculamos a média dos valores de $\varkappa_l$ e $U_*$ para velocidade superficial do líquido $(j_l)$ = 0,75 m/s e 1 m/s e atingimos:

| $j_l[m/s]$ | $\varkappa_l$ (médio) | $U_*$ (médio) |
|---|---|---|
| 0,75 | 2,29675 | 0,040 |
| 1,0 | 1,60021 | 0,049 |

Tabela 3.3: Tabela com o $\varkappa_l$ médio por velocidade superficial.

Passo 4: com o valor dos dois $\varkappa_l$ médios resolvemos o sistema de equações abaixo com as incógnitas a e b:

$$a \exp(0,040b) = 2,29675 \tag{3.11}$$

$$a \exp(0,049b) = 1,60022 \tag{3.12}$$

Finalmente chegamos à função empírica para $\varkappa_l$, que esperamos que atenda a caracterização do fenômeno bi-fásico com bolhas.

$$\varkappa_l = 10,8068 \exp(-38,7169 U_*) \tag{3.13}$$

A correlação proposta em (3.13) pode não ser a ideal, ou seja, a que revela claramente todos os efeitos que faltam no modelo algébrico (FREIRE, 2004). Porém, tem a qualidade de prever com bom resultado a evolução da velocidade média do líquido na região próxima da parede. Essa colocação é bem estudada nas tabelas e gráficos posteriores. Interessante observar que essa correlação atende bem experimentos do tipo escoamento interno e do tipo camada limite e com temperaturas, velocidades superficiais do líquido, velocidades de escorregamento, velocidades de atrito, diâmetros de tubulação, velocidades superficiais de gás e frações de vazio diversas feitas em laboratórios diferentes com técnicas de medição também variantes. Não acreditamos que essa proposta sempre obterá sucesso (3.4), entretanto serve como um ponto de apoio diante das dificuldades de fechar o problema bi-fásico próximo da parede.

Finalmente, a última equação necessária para a confrontação entre predições e conjuntos de dados experimentais é:

$$B^x = y_o(1 - \beta) + \beta B_m \tag{3.14}$$

A formulação presente em (3.14) foi extraída de MARIÉ *et al.* (1997), adotada por TROSHKO e HASSAN (2001b), FREIRE (2004) e BITENCOURT *et al.* (2008). Ela serve para obter o novo termo aditivo da lei da parede ($B^x$) a partir da espessura do piso viscoso próximo da parede ($y_o$), do corretor da função logarítmica ($\beta$) e do uso do termo aditivo clássico para o escoamento monofásico ($B$). Verificamos que a espessura do piso turbulento pode variar dependendo do tipo de experimento (interno ou externo), conforme já previsto por MARIÉ *et al.* (1997), e notado graficamente.

Podemos agora montar as tabelas e os gráficos necessários para a validação algébrica. As propriedades físicas ausentes nos trabalhos foram obtidas através de uma tabela com seus valores variando com a temperatura (tabela exposta em KUNDU e COHEN, 2002).

| Temperatura($^o$C) | $\rho_{H_2O}[kg/m^3]$ | $v_{H_2O}$ | $\rho_{ar}[kg/m^3]$ | $g[m/s^2]$ | $\sigma[N/m]$ |
|---|---|---|---|---|---|
| 10 | 1000 | $1,307.10^{-6}$] | 1,225 | 9,81 | 0,04 |
| 20 | 997 | $1,005.10^{-6}$ | 1,200 | 9,81 | 0,04 |
| 30 | 995 | $0,802.10^{-6}$ | 1,165 | 9,81 | 0,04 |

Tabela 3.4: Propriedades físicas dos fluidos.

Primeiramente, testamos os modelos algébricos descritos com as experiências de MARIÉ *et al.* (1997), a fim de proceder algum ajuste posterior em sua função empírica para o cálculo do termo aditivo da função transcendental. Portanto, os seis casos listados na tabela 3.5 pertencem a esse trabalho.

| Caso | $j_l[m/s]$ | $\alpha_{gmax}$ | $U_*[m/s]$ | $y_o$ | $B_m$ | $\varkappa$ | $T(^oC)$ |
|---|---|---|---|---|---|---|---|
| 1 | 1,0 | 0,016 | 0,047 | 11 | 5 | 0,4 | (10) |
| 2 | 0,75 | 0,020 | 0,037 | 11 | 5 | 0,4 | (10) |
| 3 | 0,75 | 0,035 | 0,039 | 11 | 5 | 0,4 | (10) |
| 4 | 1,0 | 0,038 | 0,049 | 11 | 5 | 0,4 | (10) |
| 5 | 0,75 | 0,060 | 0,044 | 11 | 5 | 0,4 | (10) |
| 6 | 1,0 | 0,068 | 0,052 | 11 | 5 | 0,4 | (10) |

Tabela 3.5: Propriedades do escoamento.

| Caso | $U_r[m/s]$ | $\varkappa_{th}$ | $\varkappa_{sf}$ | $B^x_{th}$ | $B^x_{sf}$ | $\beta_{th}$ | $\beta_{sf}$ |
|---|---|---|---|---|---|---|---|
| 1 | 0,1934 | 0,7315 | 1,7515 | 5,6357 | 5,7549 | 0,8940 | 0,8742 |
| 2 | 0,1921 | 1,0985 | 2,5796 | 6,3104 | 6,6236 | 0,7816 | 0,7294 |
| 3 | 0,1870 | 1,0127 | 2,3874 | 6,7445 | 7,1975 | 0,7093 | 0,6337 |
| 4 | 0,1859 | 0,6744 | 1,6210 | 6,1373 | 6,3895 | 0,8105 | 0,7684 |
| 5 | 0,1786 | 0,8264 | 1,9672 | 6,9264 | 7,4368 | 0,6789 | 0,5939 |
| 6 | 0,1759 | 0,5969 | 1,4432 | 6,4544 | 6,7947 | 0,7576 | 0,7009 |

Tabela 3.6: Parâmetros calculados.

Adiante temos as comparações gráficas entre as leis logarítmicas monofásica, de TROSHKO e HASSAN (2001b) e de FREIRE (2004). Esse último com a mudança na correlação para o parâmetro empírico (conforme apresentado nesta obra).

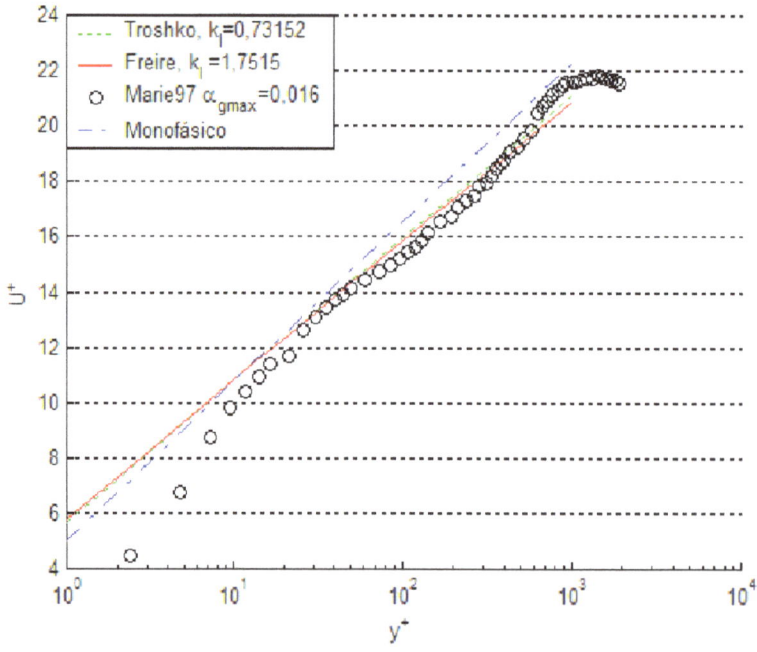

Figura 3.1: Lei da Parede Bi-fásica. Comparação com os dados experimentais de MARIÉ

*et al.* (1997), em escala logarítmica.

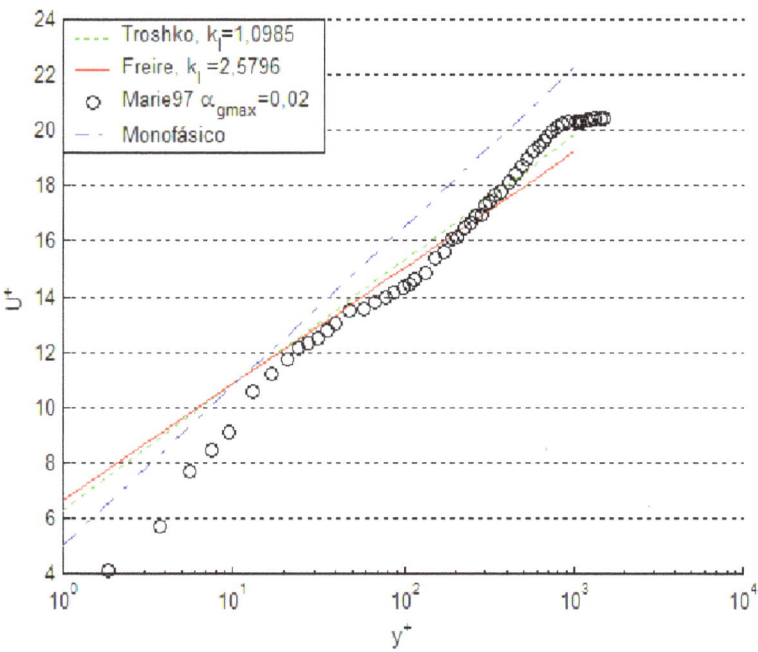

Figura 3.2: Lei da Parede Bi-fásica. Comparação com os dados experimentais de MARIÉ *et al.* (1997), em escala logarítmica.

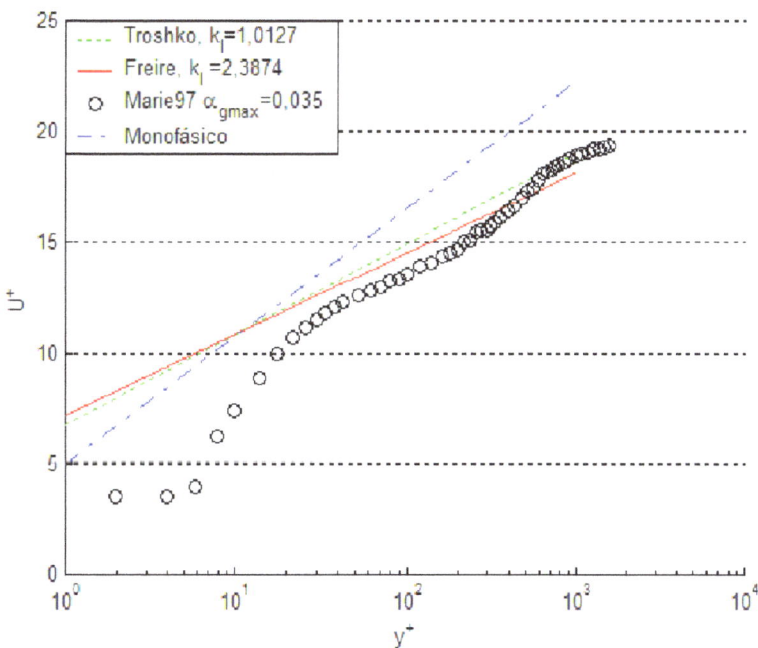

Figura 3.3: Lei da Parede Bi-fásica. Comparação com os dados experimentais de MARIÉ *et al.* (1997), em escala logarítmica.

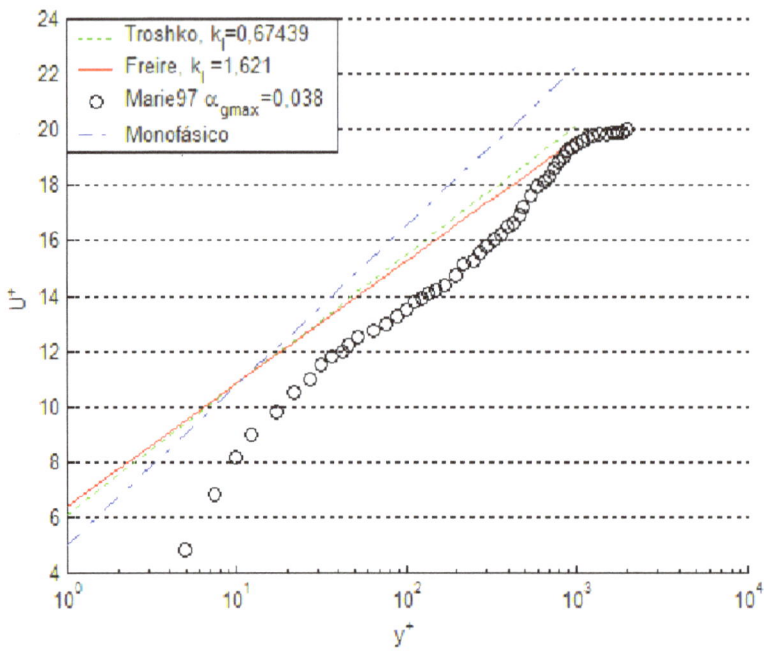

Figura 3.4: Lei da Parede Bi-fásica. Comparação com os dados experimentais de MARIÉ *et al.* (1997), em escala logarítmica.

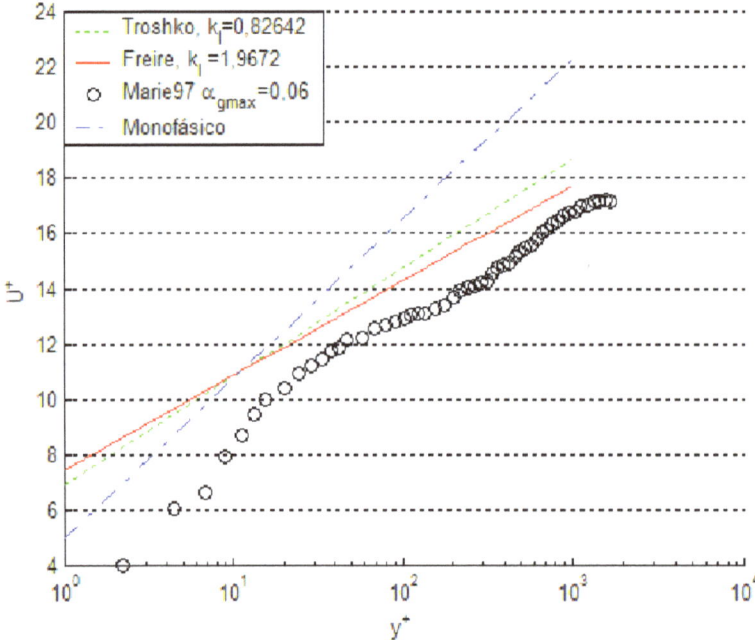

Figura 3.5: Lei da Parede Bi-fásica. Comparação com os dados experimentais de MARIÉ *et al.* (1997), em escala logarítmica.

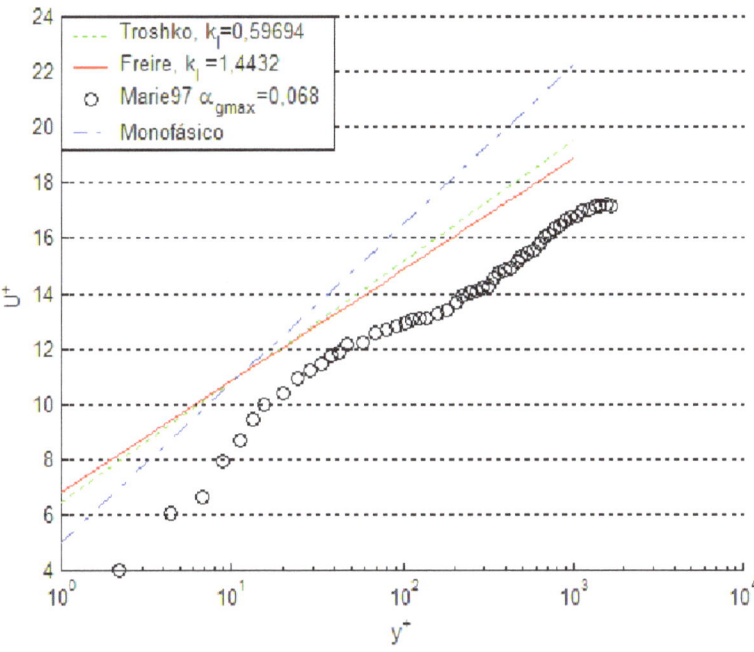

Figura 3.6: Lei da Parede Bi-fásica. Comparação com os dados experimentais de MARIÉ *et al.* (1997), em escala logarítmica.

Interpretando os gráficos, é nítido que a lei monofásica deve ser substituída para o escoamento bi-fásico. A solução de TROSHKO e HASSAN (2001b) perde para a proposta de FREIRE (2004) corrigida pela correlação empírica desta obra. A diferença pode ser observada em todos os gráficos e é mais clara nos casos com pico de fração de vazio maior, demonstrando a necessidade da remodelação do termo difuso turbulento pelo comprimento de mistura de Prandtl.

Ainda temos nos gráficos uma aproximação teórica mais alinhada com os dados experimentais nos casos com pico de fração de vazio 0,016 e 0,020. Com o aumento da fração de vazio, aumenta-se o erro entre os dados experimentais e teóricos. Por isso, trocamos a função para o cálculo do termo aditivo ($B^x$). Note que, no segundo termo do lado direito da equação (3.15), $\beta$ está ao quadrado. Aplicamos essa alteração para gerar novos gráficos e melhoramos a previsão teórica proposta por FREIRE (2004).

$$B^x = y_o(1 - \beta) + \beta^2 B_m \qquad (3.15)$$

Os novos gráficos e nova tabela de parâmetros calculados para os experimentos de MARIÉ *et al.* (1997) considerando a equação (3.15) são:

69

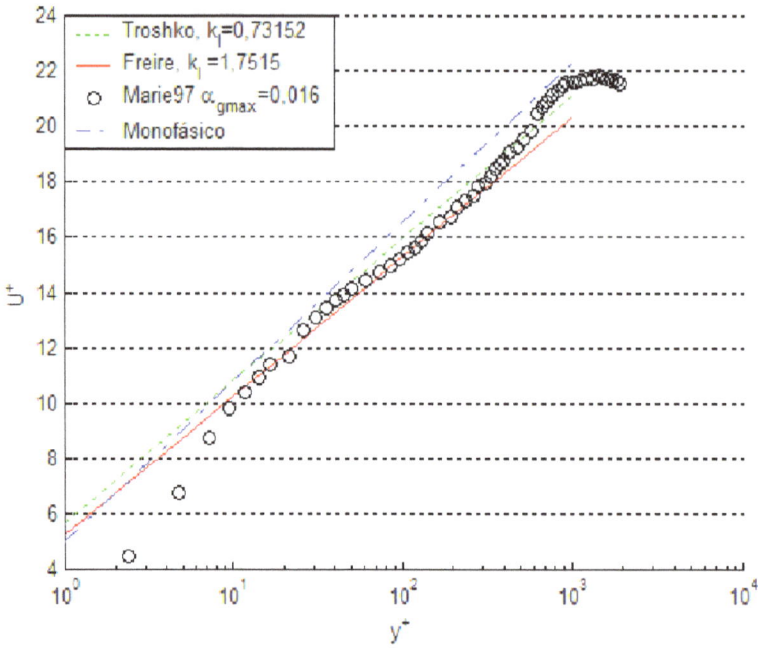

Figura 3.7: Lei da Parede Bi-fásica. Comparação com os dados experimentais de MARIÉ *et al.* (1997), em escala logarítmica.

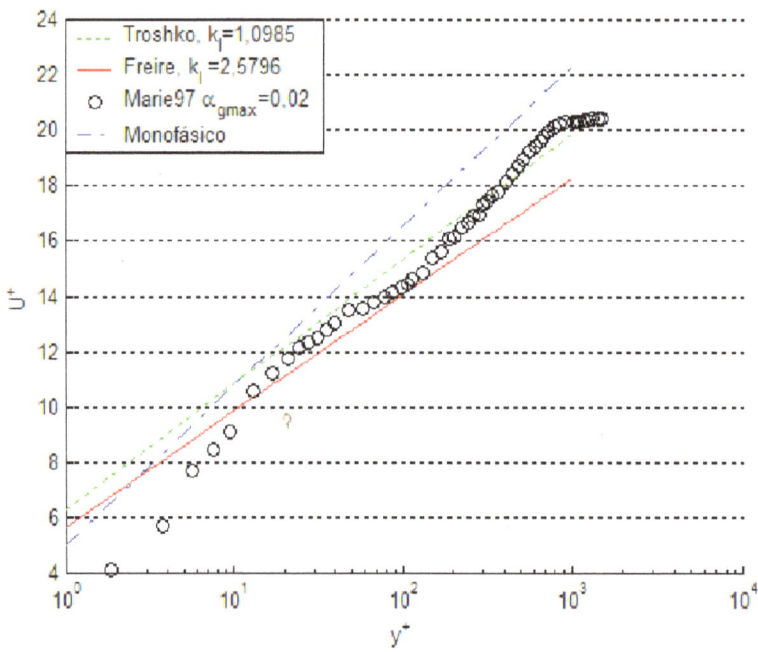

Figura 3.8: Lei da Parede Bi-fásica. Comparação com os dados experimentais de MARIÉ *et al.* (1997), em escala logarítmica.

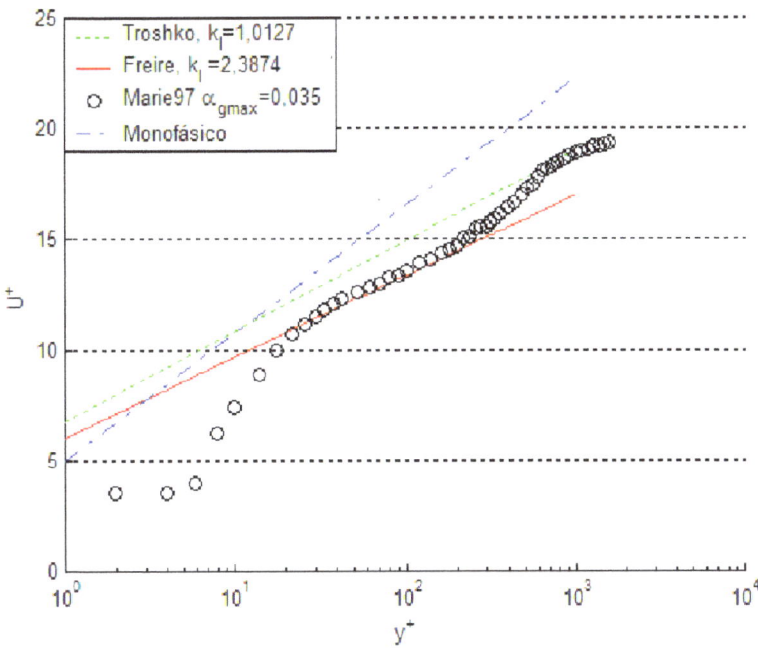

Figura 3.9: Lei da Parede Bi-fásica. Comparação com os dados experimentais de MARIÉ *et al.* (1997), em escala logarítmica.

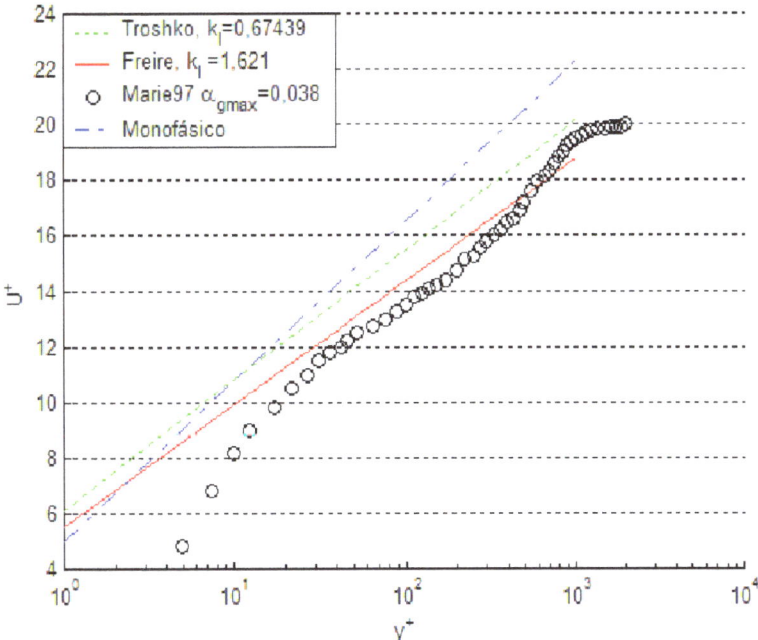

Figura 3.10: Lei da Parede Bi-fásica. Comparação com os dados experimentais de MARIÉ *et al.* (1997), em escala logarítmica.

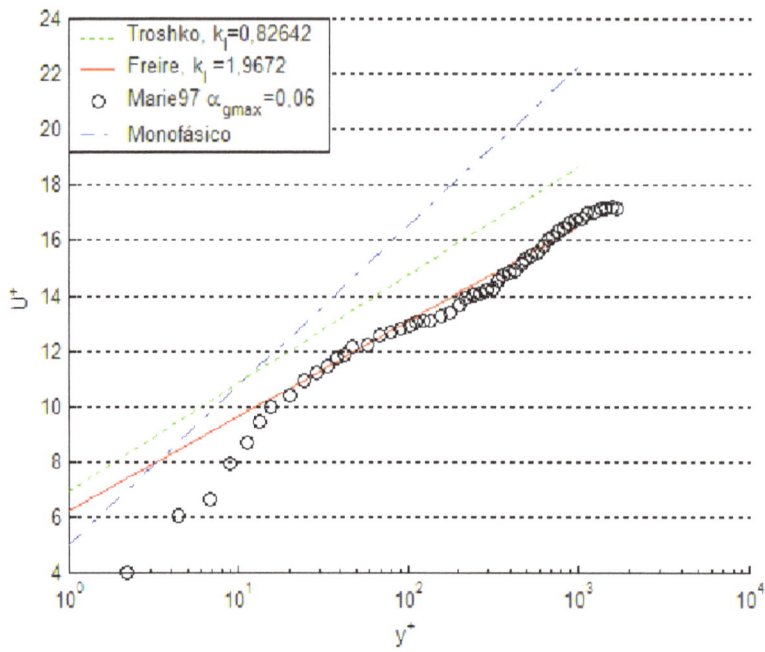

Figura 3.11: Lei da Parede Bi-fásica. Comparação com os dados experimentais de MARIÉ *et al.* (1997), em escala logarítmica.

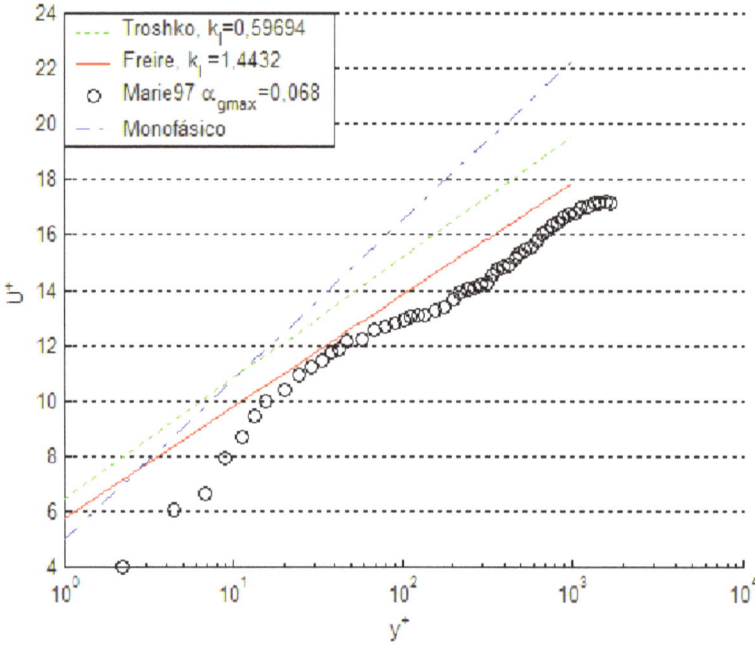

Figura 3.12: Lei da Parede Bi-fásica. Comparação com os dados experimentais de MARIÉ *et al.* (1997), em escala logarítmica.

| Caso | $U_r[\text{m/s}]$ | $\varkappa_{!th}$ | $\varkappa_{!sf}$ | $B^x_{th}$ | $B^x_{sf}$ | $\beta_{th}$ | $\beta_{sf}$ |
|------|-------------------|-------------------|-------------------|------------|------------|--------------|--------------|
| 1 | 0,1934 | 0,7315 | 1,7515 | 5,6357 | 5,2050 | 0,8940 | 0,8742 |
| 2 | 0,1921 | 1,0985 | 2,5796 | 6,3104 | 5,6367 | 0,7816 | 0,7294 |
| 3 | 0,1870 | 1,0127 | 2,3874 | 6,7445 | 6,0370 | 0,7093 | 0,6337 |
| 4 | 0,1859 | 0,6744 | 1,6210 | 6,1373 | 5,4997 | 0,8105 | 0,7684 |
| 5 | 0,1786 | 0,8264 | 1,9672 | 6,9264 | 6,2309 | 0,6789 | 0,5939 |
| 6 | 0,1759 | 0,5969 | 1,4432 | 6,4544 | 5,7465 | 0,7576 | 0,7009 |

Tabela 3.7: Parâmetros calculados modificando o termo aditivo.

A predição da velocidade média do líquido é bem melhor nesses últimos gráficos. Produzimos mais gráficos para detalhar a região do pico ( $\approx 30 \leq y^+ \leq 200$ ) predominantemente na região do piso turbulento da estrutura próxima da parede.

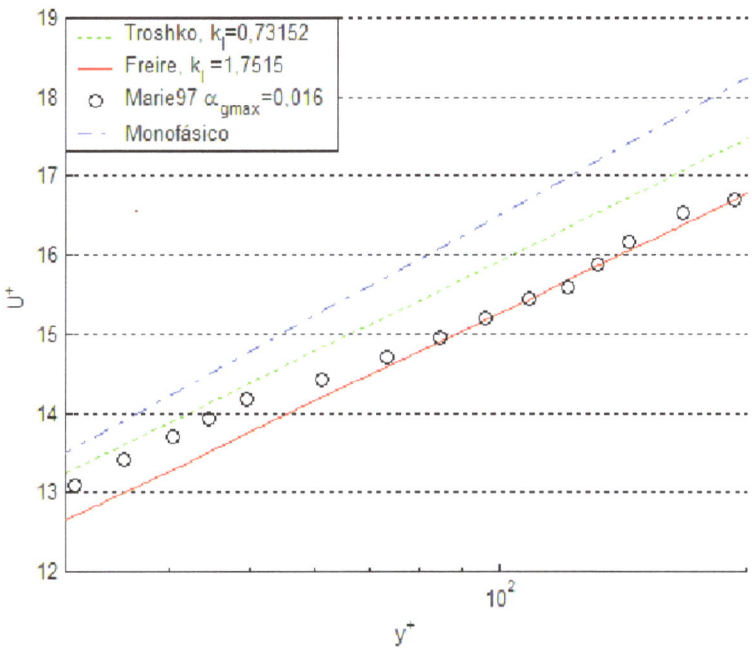

Figura 3.13: Lei da Parede Bi-fásica. Comparação com os dados experimentais de MARIÉ *et al.* (1997), em escala logarítmica.

73

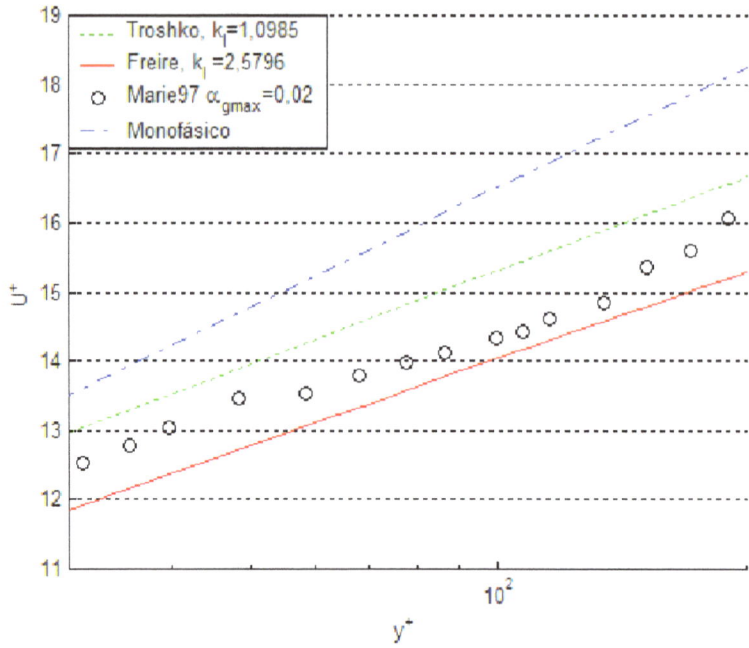

Figura 3.14: Lei da Parede Bi-fásica. Comparação com os dados experimentais de MARIÉ *et al.* (1997), em escala logarítmica.

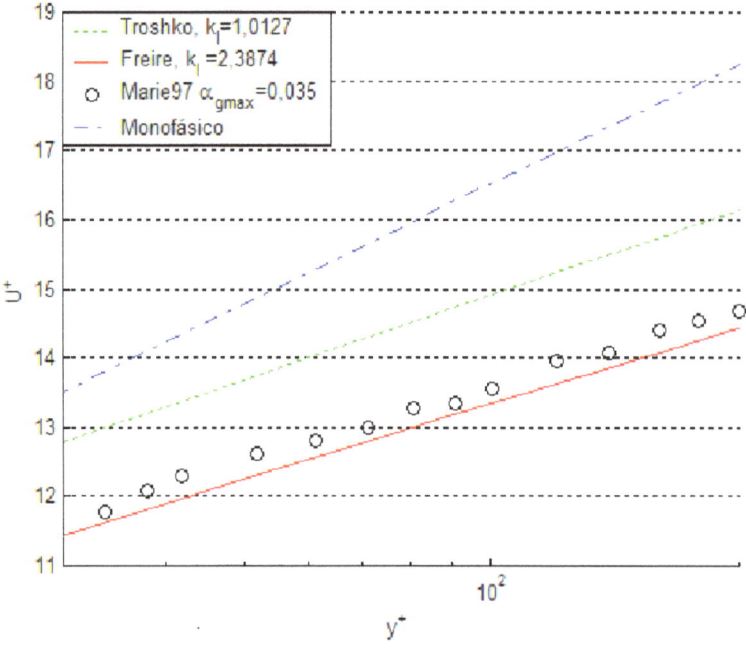

Figura 3.15: Lei da Parede Bi-fásica. Comparação com os dados experimentais de MARIÉ *et al.* (1997), em escala logarítmica.

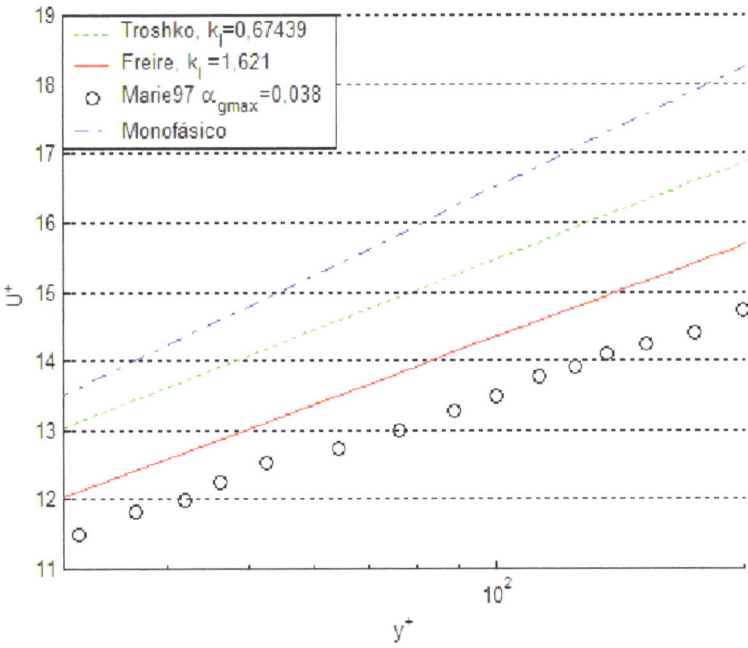

Figura 3.16: Lei da Parede Bi-fásica. Comparação com os dados experimentais de MARIÉ *et al.* (1997), em escala logarítmica.

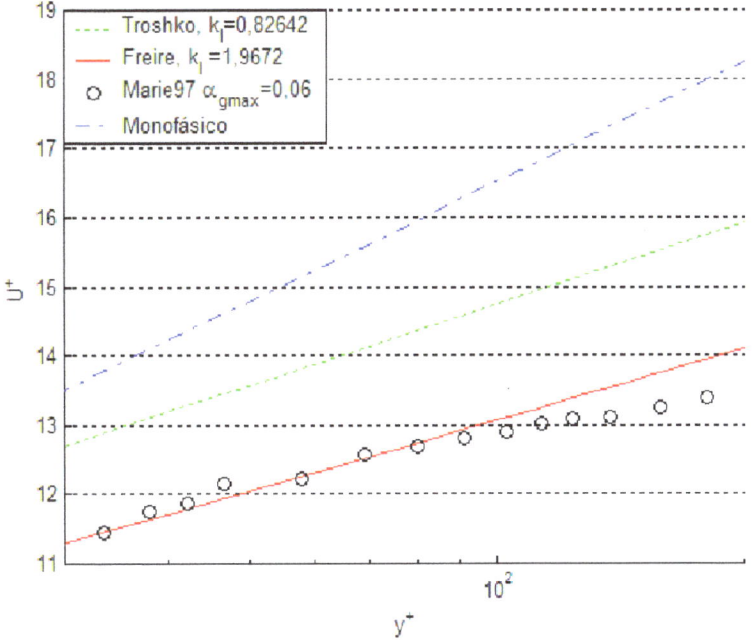

Figura 3.17: Lei da Parede Bi-fásica. Comparação com os dados experimentais de MARIÉ *et al.* (1997), em escala logarítmica.

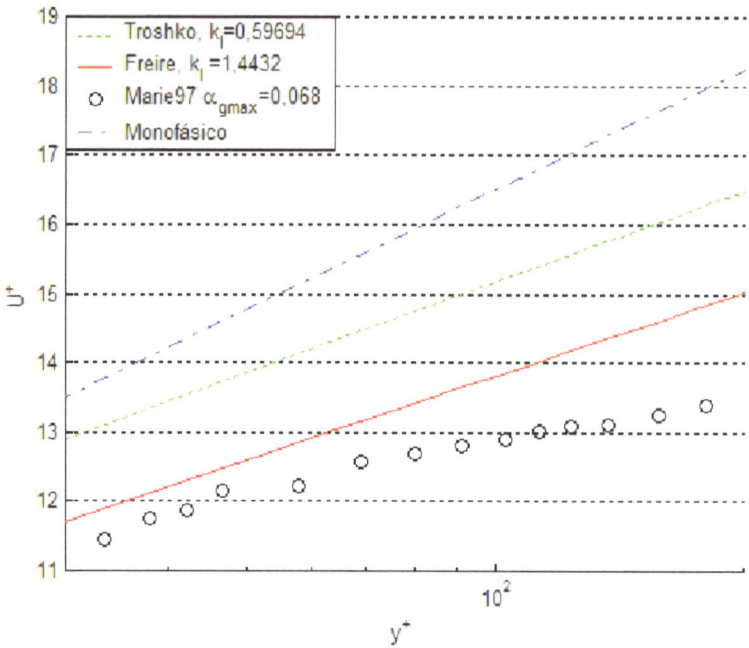

Figura 3.18: Lei da Parede Bi-fásica. Comparação com os dados experimentais de MARIÉ *et al.* (1997), em escala logarítmica.

O detalhamento dos gráficos permite verificar o acerto nas escolhas anteriores, que traduz em uma melhor caracterização do fenômeno via $\beta$ de FREIRE (2004), $\varkappa_i$ e $B_x$ recriados nesta obra. Precisamos agora comparar com mais dados na literatura para verificar a expansibilidade de nossa combinação teórica e empírica. Usamos experimentos de SATO *et al.* (1981a) e NAKORYAKOV *et al.* (1981).

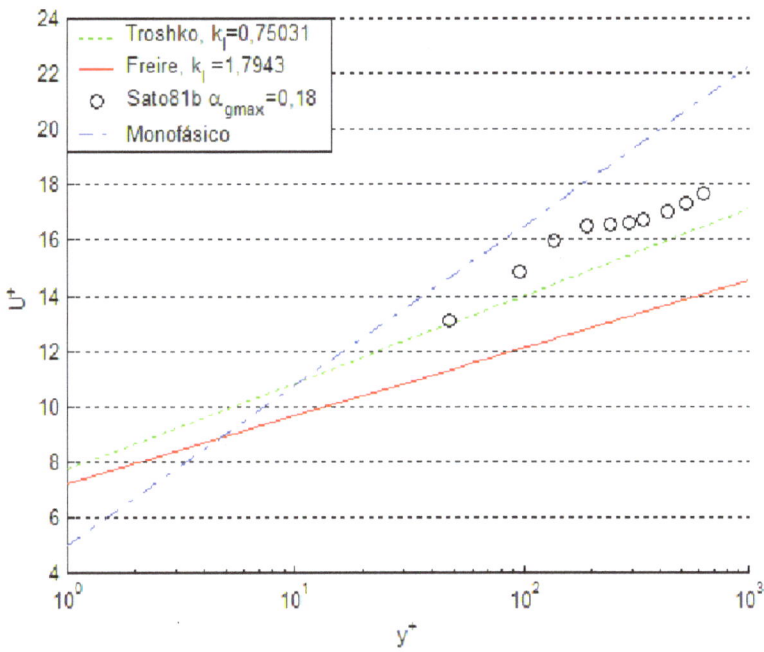

Figura 3.19: Lei da Parede Bi-fásica. Comparação com os dados experimentais de SATO *et al.* (1981b), em escala logarítmica.

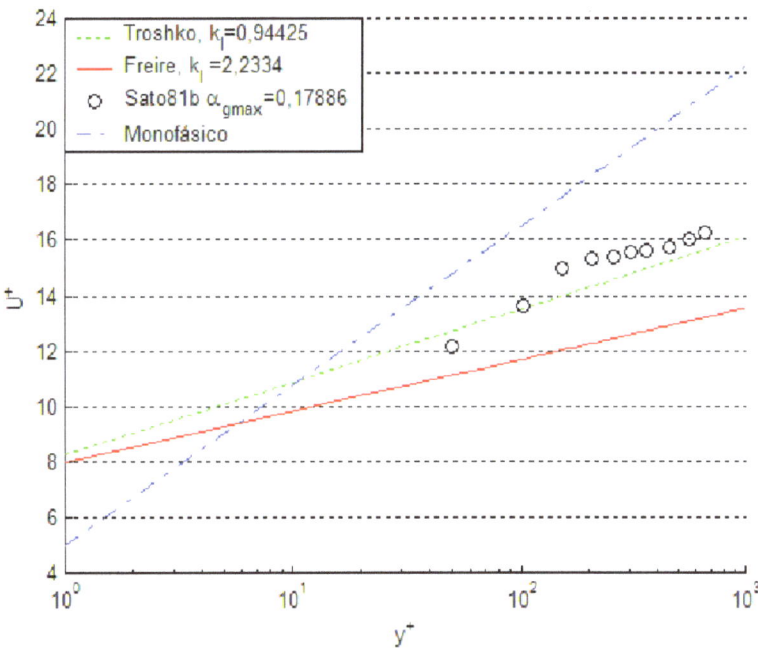

Figura 3.20: Lei da Parede Bi-fásica. Comparação com os dados experimentais de SATO *et al.* (1981b), em escala logarítmica.

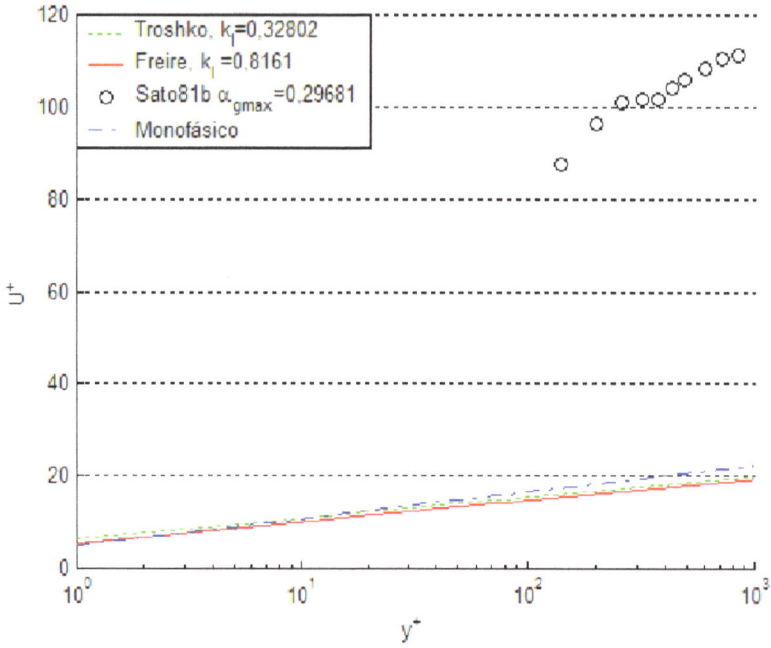

Figura 3.21: Lei da Parede Bi-fásica. Comparação com os dados experimentais de SATO *et al.* (1981b), em escala logarítmica.

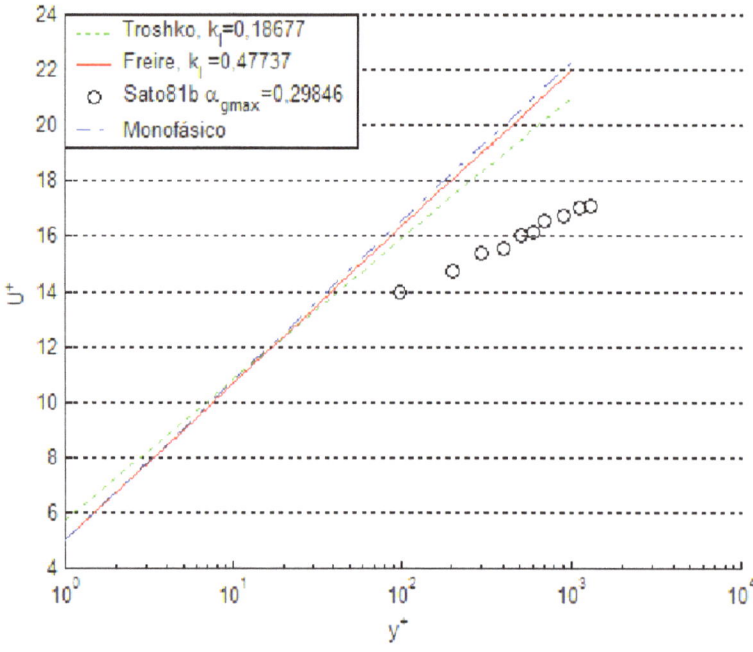

Figura 3.22: Lei da Parede Bi-fásica. Comparação com os dados experimentais de SATO *et al.* (1981b), em escala logarítmica.

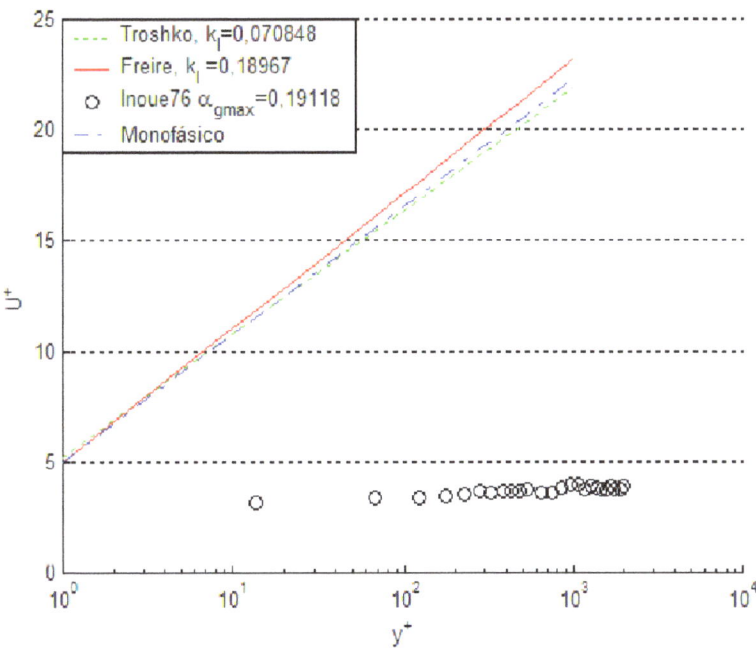

Figura 3.23: Lei da Parede Bi-fásica. Comparação com os dados experimentais de INOUE *et al.* (1976) obtidos de SATO *et al.* (1981b), em escala logarítmica.

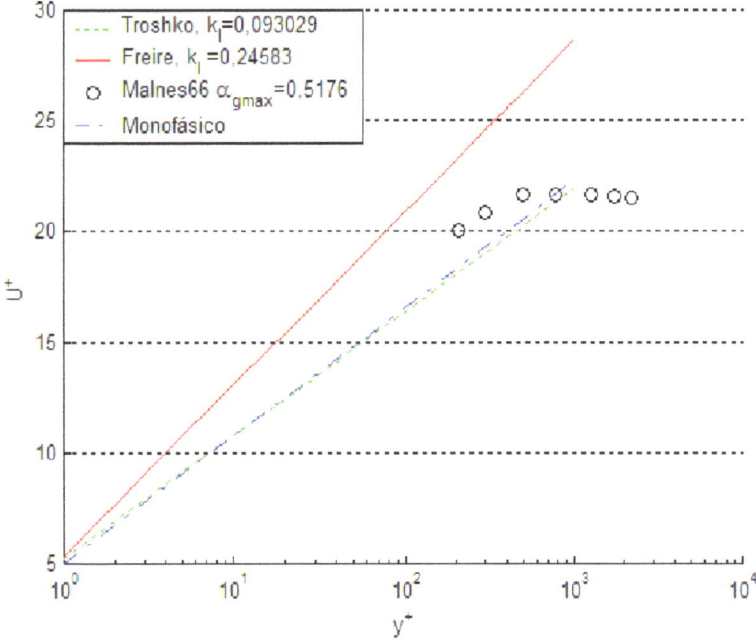

Figura 3.24: Lei da Parede Bi-fásica. Comparação com os dados experimentais de MALNES (1966) obtidos de SATO *et al.* (1981b), em escala logarítmica.

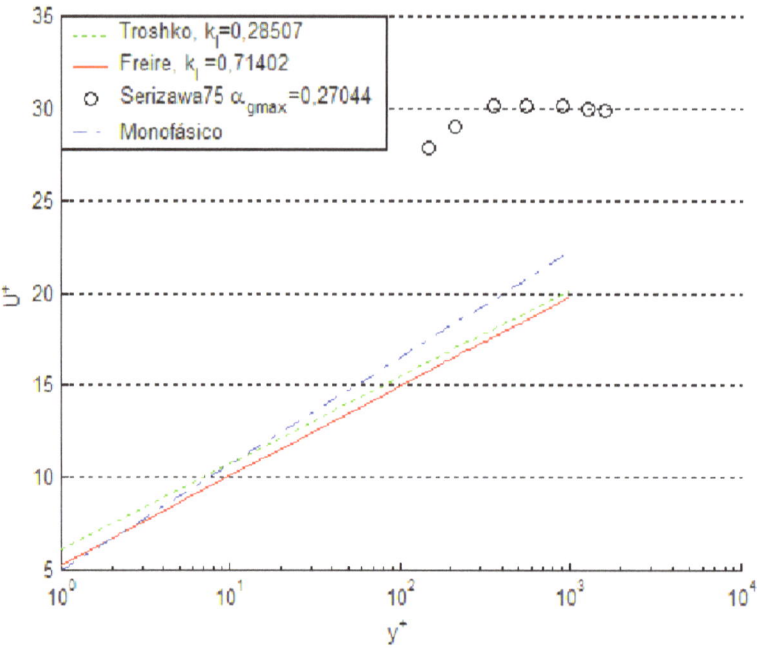

Figura 3.25: Lei da Parede Bi-fásica. Comparação com os dados experimentais de SERIZAWA *et al.* (1975b) obtidos de SATO *et al.* (1981b), em escala logarítmica.

A comparação com os dados extraídos de SATO *et al.* (1981b) são aparentemente favoráveis à formulação de TROSHKO e HASSAN (2001b). Entretanto, fica claro que a medição com a instrumentação de pressão de impacto apresentou falha na obtenção correta da velocidade de escala, o que gera naturalmente problemas com a adimensionalização dos resultados experimentais. Isso é aparente nos gráficos, pois a adimensionalização $U_l/U_*$ migrou (na vertical) erroneamente vários conjuntos experimentais e, portanto, deixa dúvidas sobre o mérito de TROSHKO e HASSAN (2001b) prever melhor o fenômeno. Pode ter sido mero acaso. Interessante verificar que TROSHKO e HASSAN (2001b) usa exatamente somente uma das experiências de SATO *et al.* (1981a) para validar graficamente sua lei da parede.

Outras observações são essenciais. A técnica de medição praticada em MARIÉ *et al.* (1997) é cuidadosamente escolhida e tem a preocupação de considerar as dimensões reduzidas das bolhas milimétricas (note o cuidado com o formato do anemômetro), enquanto uma instrumentação de medição por pressão de impacto deve ter repensada sua correlação para a obtenção da velocidade, em virtude, da mesma ter sido obtida para fenômenos monofásicos. Adicionalmente, notamos que a maioria dos resultados experimentais em SATO *et al.* (1981a) não contém dados próximo da região da parede, especificamente na região estudada entre ($30 \leq y^+ \leq 200$).

Temos, ainda, a disponibilidade de dados de NAKORYAKOV *et al.* (1981) que utilizaram um método eletroquímico para a obtenção de seus dados experimentais. Testamos nosso modelo semi-empírico contra seus resultados.

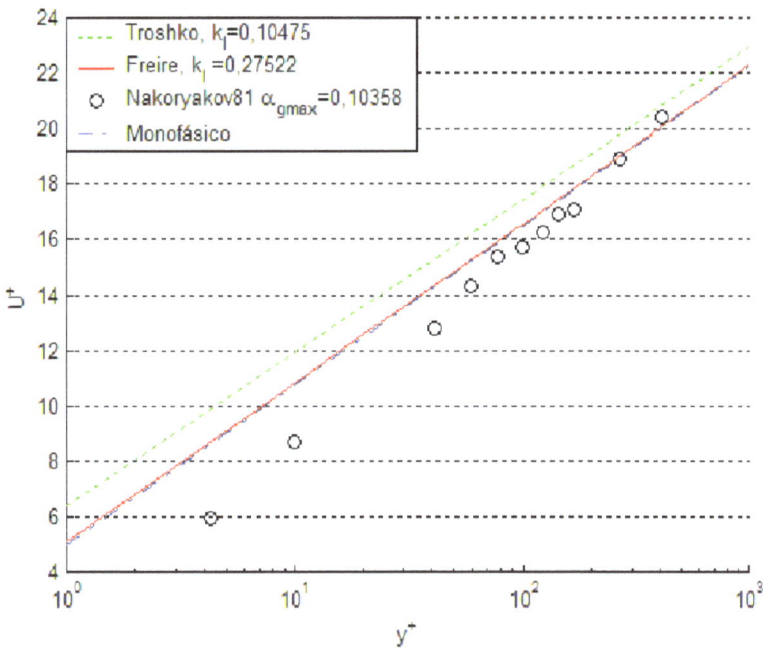

Figura 3.26: Lei da Parede Bi-fásica. Comparação com os dados experimentais de NAKORYAKOV *et al.* (1981), em escala logarítmica.

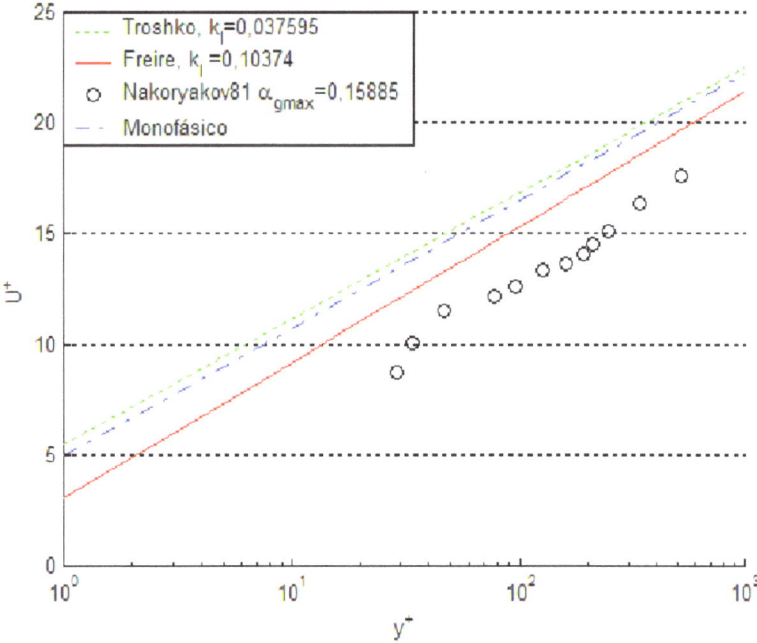

Figura 3.27: Lei da Parede Bi-fásica. Comparação com os dados experimentais de NAKORYAKOV *et al.* (1981), em escala logarítmica.

Nosso modelo obtém um resultado melhor nas duas situações, o que aumenta o crédito sobre sua capacidade de extrapolação para outros experimentos. Diferentemente do trabalho de TROSHKO e HASSAN (2001b), apresentamos mais gráficos para nossa validação, a fim de esclarecer a qualidade das previsões teóricas. Adiante temos tabelas com os dados necessários para reproduzir nossos gráficos com base em SATO *et al.* (1981a) e NAKORYAKOV *et al.* (1981).

| Caso | $j_l[m/s]$ | $\alpha_{gmax}$ | $U_*[m/s]$ | $y_o$ | $B_m$ | $\varkappa$ | $T(^oC)$ |
|---|---|---|---|---|---|---|---|
| s1 | 0,50 | 0,1800 | 0,0464 | 11 | 5 | 0,4 | 30 |
| s2 | 0,50 | 0,1789 | 0,0407 | 11 | 5 | 0,4 | 30 |
| s3 | 0,70 | 0,2968 | 0,0667 | 11 | 5 | 0,4 | 30 |
| s4 | 1,00 | 0,2985 | 0,0806 | 11 | 5 | 0,4 | 30 |
| i1 | 0,32 | 0,1912 | 0,1044 | 11 | 5 | 0,4 | (20) |
| m1 | 1,50 | 0,5176 | 0,0977 | 11 | 5 | 0,4 | 16,5 |
| sw1 | 1,03 | 0,2704 | 0,0702 | 11 | 5 | 0,4 | (20) |
| n1 | 2,05 | 0,1036 | 0,0948 | 40 | 5 | 0,4 | 24 |
| n2 | 2,05 | 0,1589 | 0,1200 | 40 | 5 | 0,4 | 24 |

Tabela 3.8: Propriedades do escoamento.

Nas tabelas (3.8) e (3.9), s# trata-se do autor SATO *et al.* (1981b), i# refere-se a INOUE *et al.* (1976), m# a MALNES (1966), sw# a SERIZAWA *et al.* (1975b) e n# a NAKORYAKOV *et al.* (1981).

| Caso | $U_r[m/s]$ | $\varkappa_{th}$ | $\varkappa_{sf}$ | $B_{th}^x$ | $B_{sf}^x$ | $\beta_{th}$ | $\beta_{sf}$ |
|---|---|---|---|---|---|---|---|
| s1 | 0,1408 | 0,7503 | 1,7943 | 7,7399 | 7,2339 | 0,5433 | 0,4241 |
| s2 | 0,1411 | 0,9442 | 2,2334 | 8,2746 | 7,9770 | 0,4542 | 0,3219 |
| s3 | 0,1076 | 0,3280 | 0,8161 | 6,2977 | 5,3988 | 0,7837 | 0,8004 |
| s4 | 0,1071 | 0,1868 | 0,4774 | 5,6903 | 5,0216 | 0,8850 | 0,9804 |
| i1 | 0,1374 | 0,0708 | 0,1897 | 5,2087 | 4,9606 | 0,9652 | 1,0539 |
| m1 | 0,0556 | 0,0930 | 0,2458 | 5,1919 | 5,2678 | 0,9680 | 1,3521 |
| sw1 | 0,1147 | 0,2851 | 0,7140 | 6,1211 | 5,2855 | 0,8131 | 0,8410 |
| n1 | 0,1645 | 0,1047 | 0,2752 | 6,4165 | 5,1144 | 0,9595 | 0,9962 |
| n2 | 0,1471 | 0,0376 | 0,1037 | 5,5307 | 3,0599 | 0,9848 | 1,0654 |

Tabela 3.9: Parâmetros calculados.

# 3.2 Condição de Contorno $\kappa$ para o Modelo Diferencial

Desenvolvemos cálculos para o estudo da condição de contorno $\kappa$ (referente à fração de líquido) do modelo diferencial. A obtenção do valor experimental é feita com base nas seguintes formulações:

$$\sqrt{\overline{v^2}} \approx 0{,}4\sqrt{\overline{u^2}} \tag{3.16}$$

$$\kappa \approx \frac{1}{2}\sqrt{\overline{u^2} + \overline{v^2}} = \sqrt{\overline{u^2} + 0{,}4\overline{u^2}} \approx 0{,}57\sqrt{\overline{u^2}} \tag{3.17}$$

Relembrando as propostas para $\kappa$:

TROSHKO e HASSAN (2001b):

$$\kappa_{th} = \frac{U_*^2}{\sqrt{c_v}} \tag{3.18}$$

BITENCOURT *et al.* (2008):

$$\kappa_b = \frac{\beta_{sf}U_*^2}{\sqrt{c_v}} \tag{3.19}$$

Esta obra, nova proposta:

$$\kappa_{p1} = \frac{\beta U_*^{3/2}\sqrt{\dfrac{\varkappa_l \alpha_{gmax}U_r + \varkappa J_*}{\varkappa}}}{\sqrt{c_v}} \tag{3.20}$$

Montamos um quadro comparativo com os dados extraídos de MARIÉ *et al.* (1997). Apenas relembrando, a proposta de TROSHKO e HASSAN (2001b) contém a mesma expressão aplicada para o fenômeno monofásico. Sua montagem considerou o $\beta$ corretor da constante de von Kármán e, por isso, somente modifica a equação para $\epsilon$.

| $\alpha_{gmax}$ | $\sigma_u$ | $\kappa_{exp}$ | $\kappa_{th}$ | $\kappa_{sf}$ | $\kappa_{np}$ |
|---|---|---|---|---|---|
| 0,035 | 0,11 | 0,00388 | 0,00507 | 0,00321 | 0,00455 |
| 0,038 | 0,09 | 0,00462 | 0,00800 | 0,00615 | 0,00774 |
| 0,06 | 0,13 | 0,00542 | 0,00645 | 0,00383 | 0,00568 |
| 0,068 | 0,12 | 0,00821 | 0,00901 | 0,00632 | 0,00855 |

Tabela 3.10: Avaliação da condição de contorno $\kappa$.

A nova proposta desta obra vence, na oposição aos dados experimentais, as outras proposições para a condição de contorno $\boldsymbol{\kappa}$. Interessante notar que para o pico de fração de vazio 0,038 todas previsões falham bastante, o que pode indicar que o valor de $\sigma_u \left( = \left[ \sqrt{\overline{u^2}}/j_l \right]_{max} \right)$, identificado graficamente, não está próximo do valor real máximo do pico para essa propriedade. Entretanto, para os outros três casos notamos uma previsibilidade com a nova proposta (subscrito np), que manteve a idéia de separação das flutuações originárias da turbulência e das bolhas, além de considerar, no modelo, o termo das flutuações turbulentas do líquido igual a $c_v \frac{\kappa_l^2}{\epsilon_l}$. Veja que os equívocos teóricos em TROSHKO e HASSAN (2001b) e em BITENCOURT *et al.* (2008) derivam da não manutenção do princípio de separação das contribuições viscosas, que foi aceito em seus trabalhos para modelar a lei da parede. Tal princípio, conforme já foi estudado, tem origem no trabalho original de SATO e SEKOGUCHI (1975).

# Capítulo 4

## Conclusões

Desenvolvemos as equações governantes do modelo dois-fluidos obtidas de ISHII e HIBIKI (2006) com um resultado final interessante, que revela, via regra da cadeia, a possibilidade de trabalhar com o produto do tensor de Reynolds pelo gradiente de distribuição de vazio. Sem a intenção de remodelar a lei da parede bi-fásica, continuamos com a iniciativa em FREIRE (2004) para o estudo das múltiplas interações componentes da quantidade de movimento da fase líquida nas vizinhanças da parede, mas, abrimos um caminho alternativo, que deve merecer um estudo aprofundado.

Aprofundamos o processo de validação do modelo proposto inicialmente por TROSHKO e HASSAN (2001b) e modificado por FREIRE (2004) com conjuntos de dados experimentais possíveis na literatura. O resultado foi positivo para uma nova correlação proposta para o mapeamento da evolução do parâmetro empírico $\varkappa_l$, que tem inserido características multidimensionais ainda não claramente compreendidas com a parametrização local do problema bi-fásico próximo da região da parede. A capacidade dessa correlação física deve ser estudada e mesmo a correlação modificado para a abrangência de mais resultados experimentais. Obviamente, com um conjunto restrito de experimentos conhecidos na literatura, há um longo caminho que pode ser explorado.

Outra iniciativa importante, no que concerne ao modelo, pode ser testar outras escalas de comprimento e de velocidade para a modelagem da viscosidade turbulenta originada pelo movimento das bolhas. Uma escolha diferenciada merece ser apreciada para novos estudos fenomênicos. Podemos avaliar, por exemplo, o uso de velocidades de escala do tipo $U_c$, $\left( l_c \frac{dU_c}{dy} \right)$ ou $\left( l_c^2 \frac{d^2 U_c}{dy^2} \right)$, onde $l_c$ é um comprimento característico e $U_c$ é uma velocidade característica das ocorrências físicas. Na literatura, por exemplo, VAN DER WELLE (1981) usa o diâmetro da tubulação e a velocidade do gás como grandezas físicas suficientes para a completa caracterização. Enquanto isso, SATO e SEKOGUCHI (1975), SATO *et al.* (1981a) e SATO *et al.* (1981b) aplica o diâmetro médio das bolhas e a velocidade de escorregamento entre as fases, o que é mais plausível, conforme as validações nos próprios trabalhos. Por sua vez, TROSHKO e HASSAN (2001b),

FREIRE (2004) e BITENCOURT *et al.* (2008) escolhem como parâmetros para o comprimento e a velocidade a coordenada transversal ao escoamento e a velocidade de escorregamento. A escolha da coordenada transversal em TROSHKO e HASSAN (2001b) possui clara analogia com sua escolha para a viscosidade turbulenta provocada pelo cisalhamento.

É claro que o ideal em nossa modelagem seria propô-la de tal maneira que alcançássemos um parâmetro constante para $\varkappa_l$, parâmetro que permite o cálculo dos coeficientes da lei logarítmica no piso turbulento da estrutura em camadas, onde aplicamos argumento de ordem de grandeza das quantidades de movimento conhecidas. Entretanto, a função não-linear desenvolvida para a obtenção de um valor numérico para $\varkappa_l$ é capaz de ser extrapolada para outras configurações físicas, o que é desejável sempre. Estudos podem caminhar na área de otimização para enquadrar uma correlação superior, que possua uma aplicabilidade mais ampla e, mesmo, use outros parâmetros como a velocidade do gás e o valor médio da fração de vazio na região nuclear do escoamento.

No âmbito teórico-experimental, estudos podem ser desenvolvidos para o mapeamento das outras correlações negligenciadas por SATO e SEKOGUCHI (1975) e que subsidiam um estudo da não linearidade dos termos difusos da equação de quantidade de movimento. Por exemplo, pode se tentar caracterizar $\overline{u'v''}$ e $\overline{u''v'}$ na análise bidimensional.

A comparação entre as leis da parede monofásica, de Troshko e Hassan e de Freire modificada não deixam dúvida sobre a necessidade de usar algo diferente da caracterização monofásica. Freire modificado mostrou uma aplicabilidade melhor que Troshko e Hassan, porém é importante contrastá-la com novos conjuntos experimentais para remover quaisquer dúvidas.

Finalmente, a correção da condição de contorno na proposta 1 reformulou a forma de obtenção de $\kappa$ (do líquido), o que levou a um resultado mais confiável no contraste com os dados experimentais e manteve a hipótese física da separação total das contribuições dos termos difusos.

A lei logarítmica modificada nesta obra e a nova apresentação para as condições de contorno formam um arcabouço semi-empírico útil para apropriação em códigos numéricos, trazendo maiores chances de sucesso na previsão dos fenômenos bi-fásicos com bolhas e picos de concentração de vazio na região da parede. Novos experimentos e novas técnicas de medição podem trazer, no futuro, melhores certezas sobre o que foi discutido neste material.

A experiência do autor desta obra na utilização dos laboratórios de turbulência da COPPE/UFRJ e seus estudos teóricos levam-no a acreditar que ainda há um universo de pesquisa fundamental para o esclarecimento da melhor parametrização do problema bi-fásico. Isso depende fortemente de experimentação com técnicas capazes de se adequar às condições do escoamento, perturbando o mínimo possível os campos de velocidade do escoamento, adquirindo sinais nas escalas físicas necessárias e tratando as diferenças entre as fases.

# Capítulo 5

## Bibliografia

ADRIAN, R.J., 2005, "Twenty years of particle image velocimetry", *Experiments in Fluids*, v. 39, n. 2 (Ago), pp. 159-169.

ALHO, A.T.P., ILHA, A., 2006, "Simulação Numérica de Escoamentos Complexos". In: Freire, A.P.S., Ilha, A., Colaço, M.J. (eds), *Turbulência*, 1 ed., chapter 8, Rio de Janeiro.

AVELINO, M. R., SU, J., FREIRE, A. P. S., 1999, "An analytical near wall solution for the $\kappa - \epsilon$ model for transpired boundary layer flows", *International Journal of Heat and Mass Transfer*, v. 42, n. 16, pp. 3085-3096.

AYATOLLAHI, S., NARIMANI, M., MOSHFEGHIAN, M., 2004, "Intermittent Gas Lift in Aghajari Oil Field, a Mathematical Study", *Journal of Petroleum Science and Engineering*, v. 42, n. 2-4 (Abr), pp. 245-255.

BARNEA, D., SHOHAM, O., TAITEL, Y., 1982, "Flow Pattern Transition for Vertical Downward Two Phase Flow", *Chemical Engineering Science*, v. 37, n. 5, pp. 741-744.

BATCHELOR, G.K., 1967, *An Introduction to Fluid Dynamics.* 1 ed. Cambridge, Cambridge University Press.

BEYERLEIN, S.W., COSSMANN, R.K., RICHTER, H.J., 1985, "Prediction of Bubble Concentration Profiles in Vertical Turbulent Two-Phase Flow", *International Journal of Multiphase Flow*, v. 11, n. 5, pp. 629–641.

BIESHEUVEL, A., GORISSEN, W.C.M., 1990, "Void Fraction Disturbances in a Uniform Bubbly Fluid", *International Journal of Multiphase Flow*, v. 16, n. 2, pp. 211-231.

BITENCOURT, M.C., LOUREIRO, J.B.R., FREIRE, A.P.S., 2008, "An Analytical Near Wall Solution for the Kappa Epsilon Model for Bubbly Two-Phase Flow". In: *1o Encontro Brasileiro de Ebulição, Condensação e Escoamento Multifásico Líquido-Gás*, Florianópolis, Abr.

CHENG, H., HILLS, J.H., AZZORPARDI, B.J., 1998, "A Study of the Bubble-to-slug Transition in Vertical Gas-Liquid Flow in Columns of Different Diameter", ***International Journal of Multiphase Flow***, v. 24, n. 3, pp. 431-452.

CHEUNG, C.P.S., YEOH, G.H., TU, J.Y., 2007, "On the modelling of Population Balance in Isothermal Vertical Bubbly Flows - Average Bubble Number Density Approach", ***Chemical Engineering and Processing***, v. 46, pp. 742-756.

CLARKE, A., ISSA, R.I., 1997, "A Numerical Model of Slug Flow in Vertical Tubes", ***Computers and Fluids***, v. 26, n. 4 (Mai), pp. 395-415.

COSTIGAN, G., WHALLEY, P.B., 1997, "Slug Flow Regime Identification from Dynamic Void Fraction Measurements in Vertical Air-Water Flows", ***International Journal of Multiphase Flow***, v. 23, n. 2, pp. 263-282.

CRUZ, D.O.A., FREIRE, A.P.S., 1998, "On Single Limits and the Asymptotic Behaviour of Separating Turbulent Boundary Layers", ***International Journal of Heat and Mass Transfer***, v. 41, n. 14 (Jul), pp. 2097-2111.

DABIRI, D., 2006, "Cross-Correlation Digital Particle Image Velocimetry - A Review". In: Freire, A.P.S., Ilha, A., Colaço, M.J. (eds), *Turbulência*, 1 ed., chapter 2, Rio de Janeiro.

DAVIS, M.R., 1990, "Wall Friction for Two-Phase Bubbly Flow in Rough and Smooth Tubes", ***International Journal of Multiphase Flow***, v.16, n.5, pp. 921-927.

DESCAMPS, M.N.,OLIEMANS, R.V.A., OOMS, G. *et al.*, 2007, "Experimental Investigation of Three-Phase Flow in a Vertical Pipe: Local Characteristics of the Gas Phase for Gas-Lift Conditions", ***International Journal of Multiphase Flow***, v. 33, n. 11, pp. 1205-1221.


DESCAMPS, M.,OLIEMANS, R.V.A., OOMS, G. *et al.*, 2006, "Influence of Gas Injection on Phase Inversion in an Oil–Water Flow through a Vertical Tube", *International Journal of Multiphase Flow*, v. 32, n. 3, pp. 311-322.


DREW, D.A., LAHEY JR, R.T, 1979, "Application of General Constitutive Principles to the Derivation of Multidimensional Two-Phase Flow Equations", *International Journal of Multiphase Flow*, v. 5, n. 4, pp. 243-264.


DE MATOS, A., ROSA, E. S., FRANÇA, F. A., 2004, "The Phase Distribution in Upward Co-Current Bubbly Flows in a Vertical Square Channel", *Journal of the Brazilian Society of Mechanical Sciences*, v. 26, n. 3, pp. 308-316.


FREIRE, A.P.S., 2004, "Revisiting the Law of the Wall for Two-Phase Turbulent Boundary Layers", In: *Proceedings of the 10th Brazilian Congress of Thermal Sciences and Engineering*, Rio de Janeiro.


GODA, H., HIBIKI, T., KIM, S. *et al.*, 2003, "Drift-Flux Model for Downward Two-Phase Flow", *International Journal of Heat and Mass Transfer*, v. 46, n. 25, pp. 4835-4844.


GUET, S., DECARRE, S., HENRIOT, V. *et al.*, 2006, "Void Fraction in Vertical Gas-Liquid Slug Flow: Influence of Liquid Slug Content", *Chemical Engineering Science*, v. 61, n. 22, pp. 7336-7350.


GUET, S., OOMS, G., 2006, "Fluid Mechanical Aspects of the Gas-Lift Technique", *The Annual Review of Fluid Mechanics*, v. 38, n. 1, pp. 225-249.


HIBIKI, T., ISHII, M., 2003, "One-Dimensional Drift-Flux Model and Constitutive Equations for Relative Motion between Phases in Various Two-Phase Flow Regimes", *International Journal of Heat and Mass Transfer*, v. 46, n. 25, pp. 4935-4948.

HIBIKI, T., ISHII, M., 2003, "One-Dimensional Drift–Flux Model for Two-Phase Flow in a Large Diameter Pipe", International Journal of Heat and Mass Transfer, v. 46, n. 10, pp. 1773-1790.

HINZE, J. O., 1975, *Turbulence*. 2 ed. New York, McGraw-Hill.

ISHII, M., HIBIKI, T., 2006, *Thermo-fluid Dynamics of Two-Phase Flow*. 1 ed. New York, Springer Verlag.

ISHII, M., ZUBER, N., 1979, "Drag Coefficient and Relative Velocity in Bubbly, Droplet or Particulate Flows", *AIChE Journal*, v. 25, n. 5, pp. 843-855.

JANSEN, F.E., SHOHAM, O., TAITEL, Y., 1996, "The Elimination of Severe Slugging - Experiments and Modeling", *International Journal of Multiphase Flow*, v. 22, n. 6, pp. 1055-1072.

KATAOKA, I., 1986, "Local Formulation and Measurements of Interfacial Area Concentration in Two-Phase Flow", *International Journal of Multiphase Flow*, v. 12, n. 4, pp. 505-529.

KATAOKA, I., SERIZAWA, A., 1989, "Basic Equations of Turbulence in Gas-Liquid Two-Phase Flow", *International Journal of Multiphase Flow*, v. 15, n. 5, pp. 843-855.

KATAOKA, I., SERIZAWA, A., BESNARD, D.C., 1993, "Prediction of Turbulence Suppression and Turbulence Modelling in Bubbly Two-Phase Flow", *Nuclear Engineering and Design*, v. 141, n. 1, pp. 145-158.

KATAOKA, I., SERIZAWA, A., 1990, "Interfacial Area Concentration in Bubbly Flow", *Nuclear Engineering and Design*, v. 120, n. 2, pp. 163-180.

KAWAJI, M., DEJESUS, J.M., TUDOSE, G., 1997, "Investigation of Flow Structures in Vertical Slug Flow", *Nuclear Engineering and Design*, v. 175, n. 1, pp. 37-48.

KUNDU, P. K., COHEN, I. M., 2002, *Fluid Mechanics*. 2 ed. E.U.A., Elsevier.

LAÍN, S., BRÖDER, D., SOMMERFELD, M. *et al.*, 2002, "Modelling Hydrodynamics and Turbulence in a Bubble Collumn using the Euler-Lagrange Procedure", *International Journal of Multiphase Flow*, v. 28, n.8, pp. 1381-1407.

LAUNDER, B.E., SPALDING, D.B., 1972, *Mathematical Models of Turbulence*. London, Academic Press.

LISSETER, P.E., FOWLER, A.C., 1992, "Bubbly Flow-I. A Simplified Model", *International Journal of Multiphase Flow*, v. 18, n. 2, pp. 195-204.

LIU, T.J., 1993, "Bubble Size and Entrance Length Effects on Void Development in a Vertical Channel", *International Journal of Multiphase Flow*, v. 19, n.1, pp. 99-113.

LOCKHART, P.W., MARTINELLI, R.C., 1949, "Proposed Correlation of Data for Isothermal Two-Phase, Two-Component Flow in Pipes", *Chemical Engineering Progress*, v. 45, n. 1, pp. 39-48.

LOPEZ DE BERTODANO, M., LAHEY JR, R.T., JONES, O.C., 1994, "Development of a $\kappa - \epsilon$ Model for Bubbly Two-Phase Flow", *ASME Journal of Fluids Engineering*, v. 116, pp. 128-134.

LOPEZ DE BERTODANO, M., LAHEY JR., R.T., JONES, O.C., 1994, "Phase Distribution in Bubbly Two-Phase Flow in Vertical Ducts", *International Journal of Multiphase Flow*, v. 20, n. 5, pp. 805-818.

LOPEZ DE BERTODANO, M., LEE, S.-J., LAHEY JR., R.T. *et al.*, 1990, "The Prediction of Two-Phase Turbulence and Phase Distribution Phenomena Using a Reynolds Stress Model", *Journal of Fluids Engineering*, v. 112, pp. 107–113.

LOUREIRO, J.B.R., SILVA NETO, J.L., 2006, "Princípios de Anemometria Térmica". In: Freire, A.P.S., Ilha, A., Colaço, M.J. (eds), *Turbulência*, 1 ed., chapter 4, Rio de

Janeiro.

MAHVASH, A., ROSS A., 2008, "Two-Phase Flow Pattern Identification using Continuous Hidden Markov Model", *International Journal of Multiphase Flow*, v. 34, n. 3, pp. 303-311.

MARIÉ, J.L., 1987, "Modelling of the Skin Friction and Heat Transfer in Turbulent Two-Component Bubbly Flows in Pipes", *International Journal of Multiphase Flow*, v. 13, n. 3, pp. 309-325.

MARIÉ, J.L., MOURSALI, E., TRAN-CONG, S., 1997, "Similarity Law and Turbulence Intensity Profiles in a Bubbly Boundary Layer at Low Void Fractions.", *International Journal of Multiphase Flow*, v. 23, n. 2, pp. 227-247.

MICHIYOSHI, I., SERIZAWA, A., 1986, "Turbulence in Two-Phase Bubbly Flow", *Nuclear Engineering and Design*, v. 95, pp. 253-267.

MIKIELEWICZ, D., 2003, "Hydrodynamics and Heat Transfer in Bubbly Flow in the Turbulent Boundary Layer", *International Journal of Heat and Mass Transfer*, v. 46, n. 2, pp. 207-220.

MORAGA, F.J., BONETTO, F.J., LAHEY, R.T., 1999, "Lateral Forces on Spheres in Turbulent Uniform Shear Flow", *International Journal of Multiphase Flow*, v. 25, n. 6-7, pp. 1321-1372.

MOURSALI, E., MARIÉ, J.L., BATAILLE, J., 1995, "An Upward Turbulent Bubbly Boundary Layer along a Vertical Flat Plate", *International Journal of Multiphase Flow*, v. 21, n. 1, pp. 107-117.

NAKORYAKOV, V.E., KASHINSKY, O.N., BURDUKOV, A.P. *et al.*, 1981, "Local Characteristics of Upward Gas-Liquid Flows", *International Journal of Multiphase Flow*, v. 7, n. 1, pp. 63-81.
NAKORYAKOV, V.E., KASHINSKY, O. N., KOZMENKO, B.K., 1986, "Experimental Study of Gas-Liquid Slug Flow in a Small-Diameter Vertical Pipe",

*International Journal of Multiphase Flow*, v. 12, n. 3, pp. 337-355.

ODDIE, G., PEARSON, J.R.A., 2004, "Flow-Rate Measurement in Two-Phase Flow", *The Annual Review of Fluid Mechanics*, v. 36, pp.149-172.

PAL, R., 2007, "Steady Laminar Flow of Non-Newtonian Bubbly Suspensions in Pipes", *Journal of Non-Newtonian Fluid Mechanics*, v. 147, n. 1, pp. 129-137.

REICHARDT, H., 1951, " Vollständige Darstellung der Turbulenten
Geschwindigkeitsverteilung in Glatten Leitungen.", *ZAMM*, v. 31, pp. 208-219.

REVANKAR, S.T., ISHII, M., 1992, "Local Interfacial Area Measurement in Bubbly Flow", *International Journal of Heat and Mass Transfer*, v. 35, n. 4, pp. 913-925.

SATO, Y., SEKOGUCHI, K., 1975, "Liquid velocity distribution in two-phase bubble flow", *International Journal of Multiphase Flow*, v. 2, pp. 79-95.

SATO, Y., SADATOMI, M., SEKOGUCHI, K., 1981, "Momentum and Heat Transfer in Two-Phase Bubble Flow - I. Theory", *International Journal of Multiphase Flow*, v. 7, pp. 167-177.

SATO, Y., SADATOMI, M., SEKOGUCHI, K., 1981, "Momentum and Heat Transfer in Two-Phase Bubble Flow - II. A Comparison between Experimental Data and Theoretical Calculations", *International Journal of Multiphase Flow*, v. 7, pp. 179-190.

SCHLICHTING, H., 1979, *Boundary Layer Theory*. 7 ed. New York, McGraw-Hill.

SERIZAWA, A., HUDA, K., YAMADA, Y. *et al.*, 1997, "Experiment and Numerical Simulation of Bubbly Two-Phase Flow across Horizontal and Inclined Rod Bundles", *Nuclear Engineering and Design*, v. 175, n. 1, pp. 131-146.

SERIZAWA, A., KATAOKA, I., 1990, "Turbulence Suppression in Bubbly Two-Phase Flow", *Nuclear Engineering and Design*, v. 122, n. 1-3, pp. 1-16.

SERIZAWA, A., KATAOKA, I., MICHIYOSHI, I., 1975, "Turbulence Structure of Air-Water Bubbly Flow—I. Measuring Techniques", *International Journal of Multiphase Flow*, v. 2, n. 3, pp. 221-233.

SERIZAWA, A., KATAOKA, I., MICHIYOSHI, I., 1975, "Turbulence Structure of Air-Water Bubbly Flow—II. Local Properties", *International Journal of Multiphase Flow*, v. 2, n. 3, pp. 235-246.

SERIZAWA, A., KATAOKA, I., MICHIYOSHI, I., 1975, "Turbulence Structure of Air-Water Bubbly Flow—III. Transport Properties", *International Journal of Multiphase Flow*, v. 2, n. 3, pp. 247-259.

SHAWKAT, M.E., CHING, C.Y., SHOUKRI, M., 2008, "Bubble and Liquid Turbulence Characteristics of Bubbly Flow in a Large Diameter Vertical Pipe", *International Journal of Multiphase Flow*, v. 34, n. 8, pp. 767-785.

SHAWKAT, M.E., CHING, C.Y., SHOUKRI, M., 2007, "On the Liquid Turbulence Energy Spectra in Two-Phase Bubbly Flow in a Large Diameter Vertical Pipe", *International Journal of Multiphase Flow*, v. 33, n. 3, pp. 300-316.

SO, S., MORIKITA, H.,TAKAGI,S. *et al.*, 2002, "Laser Doppler velocimetry measurement of turbulent bubbly channel flow", *Experiments in Fluids*, v. 33, n. 1, pp. 135-142.

TAITEL, Y., DUKLER, A.E., 1977, "A Model for Slug Frequency during Gas-Liquid Flow in Horizontal and Near Horizontal Pipes", *International Journal of Multiphase Flow*, v. 3, pp. 585-596.

TAITEL, Y., DUKLER, A. E., 1976, "A Theoretical Approach to the Lockhart-Martinelli Correlation for Stratified Flow", *International Journal of Multiphase Flow*, v. 2, pp. 591-595.

TAITEL, Y., SARICA, C., BRILL, J.P., 2000, "Slug Flow Modeling for Downward Inclined Pipe Flow: Theoretical Considerations", *International Journal of Multiphase Flow*, v. 26, pp. 833-844.

TAITEL, Y., TAMIR, A., 1975, "Multicomponent Boundary-Layer Characteristics - Use of the Reference State", *International Journal of Heat and Mass Transfer*, v. 18, pp. 123-129.

TROSHKO, A.A., HASSAN, Y.A., 2001, "A Two-Equation Turbulence Model of Turbulent Bubbly Flows", *International Journal of Multiphase Flow*, v. 27, n. 11, pp. 1965-2000.

TROSHKO, A.A., HASSAN, Y.A., 2001, "Law of the Wall for Two-Phase Turbulent Boundary Layers", *International Journal of Heat and Mass Transfer*, v. 44, n. 4, pp. 871-875.

TUDOSE, E.T., KAWAJI, M., 1999, "Experimental Investigation of Taylor Bubble Acceleration Mechanism in Slug Flow", *Chemical Engineering Science*, v. 54, n. 23, pp. 5761-5775.

VAN DER WELLE, R., 1981, "Turbulence Viscosity in Vertical Adiabatic Gas-Liquid Flow", *International Journal of Multiphase Flow*, v. 7, n. 4, pp. 461-473.

VAN DER WELLE, R., 1985, "Void Fraction, Bubble Velocity and Bubble Size in Two-Phase Flow", *International Journal of Multiphase Flow*, v. 11, n. 3, pp. 317-345.

VAN DRIEST, E.R., 1956, "On Turbulent Flow Near a Wall", *Journal of the Aeronautical Sciences*, v. 23, n. 11, pp. 1007-1011.

WANG, L.P., CAREY, V.P., GREIF, R. *et al.*, 1990, "Experimental Simulation and Analytical Modeling of Two-Phase Flow under Zero-Gravity Conditions", *International Journal of Multiphase Flow*, v. 16, n. 3, pp. 407-419.

WANG, S.K., LEE, S.J., JONES JR, O.C. *et al.*, 1987, "3-D Turbulence Structure and Phase Distribution Measurements in Bubbly Two-Phase Flows", *International Journal of Multiphase Flow*, v. 13, n. 3, pp. 327-343.

WILCOX, D.C., 1993, *Turbulence Modeling for CFD.* 1 ed. La Canada, DCW Industries.

ZHENG, D., CHE, D., 2006, "Experimental Study on Hydrodynamic Characteristics of Upward Gas-Liquid slug Flow", *International Journal of Multiphase Flow*, v. 32, n. 10, pp. 1191-1218.

ZUN, I., 1980, "The Transverse Migration of Bubbles Influenced by Walls in Vertical Bubbly Flow", *International Journal of Multiphase Flow*, v. 6, n. 6, pp. 583-588.